南京市三汊河河口闸工程精细化作业指导书

编　著　杨建贵　吴　威　王　璐
杨明强　饶健康

中国矿业大学出版社
·徐州·

内 容 提 要

三汊河河口闸工程于2004年兴建，2005年建成。自2006年投入运行以来，三汊河河口闸有效地调节和控制了秦淮河（城市河段）枯水期水位，显著改善了河道景观与水质。本书选取三汊河河口闸工程控制运用、工程检查与设备评级、工程观测、工程养护维修等典型性作业，旨在明确工作内容、标准要求、方法步骤、工作流程、注意事项、资料格式等。本书可用于指导专项工作从开始到结束全过程的闭环式管理，固化工作行为和过程控制，以利于水闸工程管理工作开展得更加规范。

图书在版编目(CIP)数据

南京市三汊河河口闸工程精细化作业指导书 / 杨建贵等编著. — 徐州：中国矿业大学出版社，2022.9

ISBN 978-7-5646-5540-2

Ⅰ. ①南… Ⅱ. ①杨… Ⅲ. ①河口—水闸—水利工程管理—南京 Ⅳ. ①TV66

中国版本图书馆CIP数据核字(2022)第158734号

书　　名 南京市三汊河河口闸工程精细化作业指导书
编　　著 杨建贵　吴　威　王　璐　杨明强　饶健康
责任编辑 齐　畅
出版发行 中国矿业大学出版社有限责任公司
（江苏省徐州市解放南路　邮编221008）
营销热线 (0516)83884103　83885105
出版服务 (0516)83995789　83884920
网　　址 http://www.cumtp.com　**E-mail**:cumtpvip@cumtp.com
印　　刷 徐州中矿大印发科技有限公司
开　　本 787 mm×1092 mm　1/16　**印张** 13.5　**字数** 207千字
版次印次 2022年9月第1版　2022年9月第1次印刷
定　　价 46.00元

《南京市三汊河河口闸工程精细化作业指导书》编委会

前　言

南京市三汊河河口闸工程于2004年兴建，2005年建成。自2006年投入运行以来，三汊河河口闸有效地调节和控制了秦淮河（城市河段）枯水期水位，显著改善了河道景观与水质。该工程反映了南京市的城市发展水平，展现了城市风貌，将自然生态环境与周围人居环境融为一体，创造了人与自然和谐的绿色体系，已成为一处集百姓活动、休闲、旅游为一体的滨江特色景观。

三汊河河口闸采用多项国内外首创技术，实施管养分离的管理体制，工程技术管理水平不断进步，取得了许多管理成果。为总结管理成功经验，提高工程规范化、精细化管理水平，我们选取三汊河河口闸工程控制运用、工程检查与设备评级、工程观测、工程养护维修等典型性作业，分四章编制本作业指导书，旨在明确工作内容、标准要求、方法步骤、工作流程、注意事项、资料格式等。本作业指导书可用于指导专项工作从开始到结束全过程的闭环式管理，固化工作行为和过程控制，以利于水闸工程管理工作开展得更加规范。

由于编者水平有限，本书中难免存在疏漏和不足之处，敬请专家和广大读者批评指正。

作　者

2022 年 8 月

目　　录

绪　论

一、工程概况

三汊河河口闸工程位于南京市外秦淮河入江口，是秦淮河环境综合整治工程的重要组成部分，上游距下关大桥约 300 m，下游距三汊河河口约 150 m。三汊河河口闸的主要功能是在非汛期抬高外秦淮河水位，改善城市河道景观；在汛期开闸放水，从而不影响行洪。三汊河河口闸工程于 2004 年 8 月 5 日开工建设，2005 年 6 月 9 日进行水下工程验收，2006 年 5 月 21 日竣工验收后投入使用。

工程管理范围为：以三汊河河口闸工程为主体，上游至下关大桥（下游侧桥面边缘在堤防上垂直投影线起算），下游至防冲槽末端，河道中心线全长约 399 m；左岸[①]范围：北至堤顶道路外沿（与世茂滨江新城小区分界红线），南至秦淮河堤防背水坡坡脚。其他管理范围包括工程管理和运行必需的设施占地，即管理单位的生产、生活区以及职工文化、福利设施等建筑占地。

二、工程布置

三汊河河口闸工程纵向轴线顺水流方向布置，工程范围内轴线长度为 179.00 m，闸室采用坞式结构，顺水流方向长度为 37.00 m，垂直水流方向长

① 在实际工作中，习惯将“南岸”称为“左岸”、将“北岸”称为“右岸”。因此，为保证本书有利于指导实际工作，本书中关于南北岸的说法与实际工作保持一致。

度为97.00 m，分两孔，每孔净宽为40.00 m，单孔总宽度为48.50 m，闸底板顶高程为1.00 m(吴淞基面，下同)，闸墩顶高程为7.50 m、局部为8.00 m。考虑到与上、下游河道平顺连接和水流流态，闸上、下游分别设渐变段使河道底宽由闸上游的50.00 m渐变至闸室的88.00 m，再渐变至闸下游的86.30 m。上游渐变段长度为50.00 m，包括长度为20.00 m的混凝土护坡和长度为30.00 m的素混凝土护底，两侧为混凝土预制块护坡和生态混凝土护坡；下游渐变段长度为92.00 m，包括长度为20.00 m的混凝土消力池、长度为60.00 m的素混凝土护底和长度为12.00 m的抛石防冲槽，两侧为混凝土方格护坡和生态混凝土护坡。启闭机房采用单层轻型钢结构建筑体系，主体为钢柱和H型钢梁组成的钢架，屋面和墙面采用彩色夹芯钢板。

三、工程规模及设计标准

三汊河河口闸工程为Ⅱ等2级水工建筑物，非汛期正常过水流量为30 m^3/s，行洪流量为80 m^3/s(关闸蓄水状态)；汛期行洪流量为600 m^3/s。按最大过流量划分，三汊河河口闸属中型水闸工程。

闸门为双孔护镜门，半圆形三铰拱钢结构。单孔闸门净宽为40.00 m，高度为6.50 m；三铰拱内圆半径为21.20 m，外圆半径为22.80 m。为满足护镜门在关闸挡水时调节闸上(秦淮河侧)水位的要求，每孔护镜门的顶部设有6扇直升式液压活动小门，小门孔口宽度为7.50 m，高度为1.15 m，升降范围为5.50～6.65 m。

护镜门的启闭机为盘香式卷扬启闭机，双吊点，钢丝绳通过导向卷筒与门体吊耳相连。闸门双吊点采用电气同步，卷扬机容量为2×1 500 kN，扬程为19.50 m。

活动小门的启闭机为倒挂式液压启闭机，双吊点，启门容量为2×200 kN，闭门容量为2×50 kN，工作行程为1.15 m，最大行程为1.30 m。在启闭机的有效工作范围内，活动小门可停留在任意位置过流形成瀑布。

四、三汊河河口闸主要功能

关闸蓄水：在非汛期时，三汊河河口闸关闸蓄水，抬高武定门至三汊河入江口河段外秦淮河水位，改善城市河道景观。

排泄洪水：在汛期时，外秦淮河水位高涨，三汊河河口闸开闸行洪。

五、水闸典型作业选取

根据三汊河河口闸管理处水闸工程管理的重点任务，选取三汊河河口闸工程控制运用、工程检查与设备评级、工程观测、工程养护维修等典型性作业，分四章编制本作业指导书。

第一章　工程控制运用作业指导书

第一节　工程基本情况

三汊河河口闸基本情况及主要设备技术参数见表1-1～表1-3所列。

表1-1　三汊河河口闸工程基本情况

河系		秦淮河	所在地	鼓楼区三汊河口	主要作用	维持景观水位
开工日期		2004年8月	竣工日期	2006年5月21日	工程造价	1.5亿元
闸室总长		97.00 m	单孔闸净宽	40.00 m	闸孔数	2
闸孔净高		6.50 m	闸墩顶高程	7.50 m	闸底高程	1.00 m
大闸门	孔口宽度	40.00 m	支撑方式	自润滑关节轴承	孔口数量	2孔
	孔口高度	6.50 m	支撑跨度	44.00 m	闸门数量	2扇
	设计水位	6.50/1.58 m	曲率半径	22.00 m	闸门自重	270 t
	闸门类型	护镜门	底坎高程	1.00 m	操作设备	盘香式卷扬启闭机

表1-1(续)

液压小门	孔口宽度	7.50 m	支承方式	滑道 (华龙材料)	孔口数量	12 孔
	孔口高度	1.15 m	支承跨度	7.50 m	闸门自重	8 t
	设计水位	1.50 m	曲率半径	22.00 m	操作设备	倒挂式 液压启闭机
	闸门类型	拱形滑动 闸门	闸门数量	12 扇	—	—
大门启闭机	启闭容量	2×1 500 kN	吊点数量	双吊点	启闭机台数	2 台
	启闭速度	0.60～0.78 m/min	吊点间距	42.00 m	电源种类	380 V、50 Hz
	启闭扬程	17.50 m	操作设备	盘香式卷扬 启闭机	—	—
小门启闭机	启门容量	2×200 kN	吊点数量	双吊点	启闭速度	0.2 m/min
	闭门容量	2×50 kN	吊点间距	3.54 m	泵站数量	12 座
	工作行程	1.15 m	操作设备	倒挂液压式 启闭机	油缸数量	24 只
	最大行程	1.30 m	启闭机台数	12 台	电源种类	380 V、50 Hz
建筑物等级		Ⅱ等 2 级	抗震设防烈度	Ⅶ度	水准基面	吴淞

表 1-2 三汊河河口闸工程设计水位组合情况

	工况		秦淮河 /m	长江 /m	备注
闸主体稳定	基本组合	设计工况	6.50	2.10	五十年一遇最低旬平均潮位
	特殊组合(Ⅰ)	校核工况 1	6.00	1.50	百年一遇最低潮位
		校核工况 2	7.00	2.77	最低月平均潮位
		校核工况 3	5.50	2.77	最低月平均潮位 (换水工况)
	特殊组合(Ⅱ)	校核工况 4	6.50	3.50	地震工况

表 1-2(续)

		工况	秦淮河/m	长江/m	备注
消能		设计工况 1	6.50	2.10	门顶过流，流量为 30 m^3/s
		校核工况 1	6.50	1.50	正常运用(门顶过流)，流量为 30 m^3/s
		校核工况 2	7.00	2.77	正常运用(门顶过流)，流量为 80 m^3/s
		校核工况 3	7.00	6.50	开闸行洪(流量为 600 m^3/s，河口水位为 9.69 m)
		校核工况 4	5.50	2.77	闸门冲淤或放空换水
边坡稳定	闸下	完建工况	0	6.50	正常运用条件
		运行工况	1.58	7.00	正常运用条件
		地震工况	3.50	7.00	非正常运用条件
	闸上	完建工况	1.00	6.50	正常运用条件
		运行工况	5.50	7.00	正常运用条件
		地震工况	5.50	7.00	非正常运用条件

表 1-3　三汊河河口闸主要机电设备参数

设备名称	设备编号	分部设备名称	型号	生产厂家(品牌)	出厂时间
1# 启闭机	1-001	三相异步电动机	YZP250M1-8	佳木斯电机股份有限公司	2004 年 11 月
		联轴器	TLL6-ZG70×107/$J_1$55×9	郑州水工机电装备有限公司	2005 年 3 月
		转速编码器	AVM58N-011K1R0BN-1213	—	2005 年
		电力液压块式制动器	YWZ4B-400/50	郑州水工机电装备有限公司	2005 年 3 月
		电力液压推动器	Ed50/6	焦作制动股份有限公司	2005 年 3 月
		钢丝绳	48ZAB6×36SW+IWR-1870ZS	郑州水工机电装备有限公司	2005 年 3 月
		SEW 减速器	—	郑州水工机电装备有限公司	2005 年 3 月

表1-3(续)

设备名称	设备编号	分部设备名称	型号	生产厂家(品牌)	出厂时间
1#变频控制柜	1-002	变频器	Aitivar 71	施耐德	2005年8月
		制动电阻	VW3A58737	SCHAFFNER	2005年8月
		三相断路器	S252SC100 3P	施耐德	2018年3月
		交流接触器	LC1-D80	施耐德	2018年3月
		交流接触器	LC1-D09	施耐德	2018年3月
		热继电器	LR2-1305C	施耐德	2018年3月
		热继电器	LR2-3363C	施耐德	2018年3月
		三相断路器	S252SC100 3P	施耐德	2018年3月
1#护镜门PLC柜	1-004	CPU模块	TSXP573623M	施耐德	2018年3月
		电源模块	TSXPSY2600M	施耐德	2018年3月
		输入模块	TSDEY32D2K	施耐德	2018年3月
		计数器模块	TSXCTY2C	施耐德	2018年3月
		输出模块	TSXDSY16R5(2块)	施耐德	2018年3月
		模拟量输出模块	TSXASY800	施耐德	2018年3月
		模拟量输入模块	TSXAEY1600	施耐德	2018年3月
		机架	TSXRKY12	施耐德	2018年3月
		触摸屏	XBTF034310	施耐德	2018年3月
		开关电源	220V/24VDC 5A	明纬	2018年3月
		中间继电器	DC24V(32个)	—	2018年3月
		断路器	5A	梅兰日兰	2018年3月
		光纤环网交换机	—	施耐德	2018年3月
		中间继电器	AC220V	—	2018年3月

表1-3(续)

设备名称	设备编号	分部设备名称	型号	生产厂家(品牌)	出厂时间
2# 启闭机	2-001	三相异步电动机	YZP250M1-8	佳木斯电机股份有限公司	2004 年 11 月
		联轴器	TLL6-ZG70×107/$J_1$55×9	郑州水工机电装备有限公司	2005 年 3 月
		转速编码器	AVM58N-011K1R0BN-1213	—	—
		电力液压块式制动器	YWZ4B-400/50	郑州水工机电装备有限公司	2005 年 3 月
		电力液压推动器	Ed50/6	焦作制动股份有限公司	2005 年 3 月
		钢丝绳	48ZAB6×36SW+IWR-1870ZS	郑州水工机电装备有限公司	2005 年 3 月
		SEW 减速器	—	郑州水工机电装备有限公司	2005 年 3 月
2# 变频控制柜	2-002	变频器	Aitivar 71	施耐德	2005 年 8 月
		制动电阻	VW3A58737	SCHAFFNER	2005 年 8 月
		三相断路器	S252SC100 3P	施耐德	2018 年 3 月
		交流接触器	LC1-D80	施耐德	2018 年 3 月
		交流接触器	LC1-D09	施耐德	2018 年 3 月
		热继电器	LR2-1305C	施耐德	2018 年 3 月
		热继电器	LR2-3363C	施耐德	2018 年 3 月
		三相断路器	S252SC100 3P	施耐德	2018 年 3 月
原型观测柜	2-004	通用遥测数传仪	NAH-201	—	2005 年
		数据测量装置	—	—	2005 年

表1-3(续)

设备名称	设备编号	分部设备名称	型号	生产厂家(品牌)	出厂时间
3#启闭机	3-001	三相异步电动机	YZP250M1-8	佳木斯电机股份有限公司	2004年11月
		联轴器	TLL6-ZG70×107/$J_1$55×9	郑州水工机电装备有限公司	2005年3月
		转速编码器	AVM58N-011K1R0BN-1213	—	—
		电力液压块式制动器	YWZ4B-400/50	郑州水工机电装备有限公司	2005年3月
		电力液压推动器	Ed50/6	焦作制动股份有限公司	2005年3月
		钢丝绳	48ZAB6×36SW+IWR-1870ZS	郑州水工机电装备有限公司	2005年3月
		SEW减速器	—	郑州水工机电装备有限公司	2005年3月
3#变频控制柜	3-002	变频器	Aitivar 71	施耐德	2005年8月
		制动电阻	VW3A58737	SCHAFFNER	2005年8月
		三相断路器	S252SC100 3P	施耐德	2018年3月
		交流接触器	LC1-D80	施耐德	2018年3月
		交流接触器	LC1-D09	施耐德	2018年3月
		热继电器	LR2-1305C	施耐德	2018年3月
		热继电器	LR2-3363C	施耐德	2018年3月
		三相断路器	S252SC100 3P	施耐德	2018年3月

表1-3(续)

设备名称	设备编号	分部设备名称	型号	生产厂家(品牌)	出厂时间
4[#]启闭机	4-001	三相异步电动机	YZP250M1-8	佳木斯电机股份有限公司	2004 年 11 月
		联轴器	TLL6-ZG70×107/$J_1$55×9	郑州水工机电装备有限公司	2005 年 3 月
		转速编码器	AVM58N-011K1R0BN-1213	—	2005 年
		电力液压块式制动器	YWZ4B-400/50	郑州水工机电装备有限公司	2005 年 3 月
		电力液压推动器	Ed50/6	焦作制动股份有限公司	2005 年 3 月
		钢丝绳	48ZAB6×36SW+IWR-1870ZS	郑州水工机电装备有限公司	2005 年 3 月
		SEW 减速器	—	郑州水工机电装备有限公司	2005 年 3 月
4[#]变频控制柜	4-002	变频器	Aitivar 71	施耐德	2005 年 8 月
		制动电阻	VW3A58737	SCHAFFNER	2005 年 8 月
		三相断路器	S252SC100 3P	施耐德	2018 年 3 月
		交流接触器	LC1-D80	施耐德	2018 年 3 月
		交流接触器	LC1-D09	施耐德	2018 年 3 月
		热继电器	LR2-1305C	施耐德	2018 年 3 月
		热继电器	LR2-3363C	施耐德	2018 年 3 月
		三相断路器	S252SC100 3P	施耐德	2018 年 3 月

表1-3(续)

设备名称	设备编号	分部设备名称	型号	生产厂家(品牌)	出厂时间
2#护镜门PLC柜	4-003	CPU模块	TSXP573623M	施耐德	2018年3月
		电源模块	TSXPSY2600M	施耐德	2018年3月
		输入模块	TSDEY32D2K	施耐德	2018年3月
		计数器模块	TSXCTY2C	施耐德	2018年3月
		输出模块	TSXDSY16R5(2块)	施耐德	2018年3月
		模拟量输出模块	TSXASY800	施耐德	2018年3月
		模拟量输入模块	TSXAEY1600	施耐德	2018年3月
		机架	TSXRKY12	施耐德	2018年3月
		触摸屏	XBTF034310	施耐德	2018年3月
		开关电源	220V/24VDC 5A	明纬	2018年3月
		中间继电器	DC24V(32个)	—	2018年3月
		断路器	5A	梅兰日兰	2018年3月
		光纤环网交换机	—	施耐德	2018年3月
		中间继电器	AC220V	—	2018年3月
400 kV·A变压器	5-001	变压器	SC9-400/100	江苏海田电气有限公司	2009年
		横流式冷却风机	GFDD590-110	佛山市大东南电器有限公司	2009年
10kV高压开关柜	5-002	熔断器	RN3-10/50 40A	西安翰德电力电气制造有限公司	2005年
		避雷器	HY5W4-17/50	—	2005年
		负荷开关	KK-LBS2 630A 4P	—	2005年

表1-3(续)

设备名称	设备编号	分部设备名称	型号	生产厂家(品牌)	出厂时间
主变进线柜401	5-003	断路器	NS630N/3P STR23SE-630	梅兰日兰	2005年
		万能转换开关	LW5D-16 YH3/3	温州市长江电器开关厂	2005年
		电流互感器	LMZ-0.5 600/600/5	—	2005年
		避雷器	DEHZ900104	—	2005年
		电流表	6L2-A 600/5A	南通通力电器仪表有限公司	2005年
		电压表	6L2 AC450V	南通通力电器仪表有限公司	2005年
		有功表	6D3 380V 600/5A	南通通力电器仪表有限公司	2005年
		无功表	6D3 380V 600/5A	南通通力电器仪表有限公司	2005年
		功率因素表	6L2 380V 5A	南通通力电器仪表有限公司	2005年
电容补偿柜411	5-004	隔离开关	QSA-400	江苏东源电器集团股份有限公司	2005年
		熔断器	NT2 RT16-2 R033 gL 400A	苏州新区燎原电器开关厂	2005年
		避雷器	FYS-0.22	—	2005年
		电流互感器	LMZ-0.5	—	2005年
		电容器	BZMJ0.45-12-3	正泰集团公司	2018年3月
		无功补偿仪	JKL5CF	浙江指月电气有限公司	2004年11月
		热过载继电器	JR36-63	正泰集团公司	2005年
		交流接触器	CJ19-26/25	上海侨光电器集团有限公司	2004年11月
		电流表	6L2-A 250/5A	南通通力电器仪表有限公司	2005年

表1-3(续)

设备名称	设备编号	分部设备名称	型号	生产厂家(品牌)	出厂时间
照明配电柜412	5-005	断路器	NS400N/3P STR22SE-400	施耐德	2005年
		断路器	NS160N/3P STR22SE-160	施耐德	2005年
		断路器	NS100N/3P STR22SE-100	施耐德	2005年
		避雷器	FYS-0.22	—	2005年
		电流互感器	LMZ-0.66 300/5	—	2005年
		电压表	6L2 AC450V	—	2005年
		电流表	99T1-A	—	2005年
配电房动力柜413	5-006	断路器	NS400N/3P STR22SE-400	施耐德	2005年
		断路器	NS100N/3P STR22SE-100	施耐德	2005年
		电流互感器	LQZJ4-0.66	金坛市金榆互感器厂	2005年6月
		电流表	99T1-A	—	2005年
0.4kV进线柜402	5-007	断路器	MT10+5.0A Ln=630A、4P	梅兰日兰	2005年
		万能转换开关	LW5D-16 YH3/3	温州市长江电器开关厂	2005年
		电流互感器	LMZ-0.5 600/600/5	—	2005年
		避雷器	DEHZ900104	—	2005年
		电流表	6L2-A 600/5A	南通通力电器仪表有限公司	2005年
		电压表	6L2 AC450V	南通通力电器仪表有限公司	2005年
		有功表	6D3 380V 600/5A	南通通力电器仪表有限公司	2005年
		无功表	6D3 380V 600/5A	南通通力电器仪表有限公司	2005年
		功率因素表	6L2 380V 5A	南通通力电器仪表有限公司	2005年

表1-3(续)

设备名称	设备编号	分部设备名称	型号	生产厂家(品牌)	出厂时间
柴油机房动力柜414	5-008	断路器	NS160N/3P STR22SE-160	施耐德	2005年
		断路器	NS100N/3P STR22SE-100	施耐德	2005年
		电流互感器	BH/5A	—	2005年
		电流表	99T1-A	南通通力电器仪表有限公司	2005年
发电机进线柜415	5-009	熔断器	NT3 RT16-3 630A	浙江锦山熔断器有限公司	—
		双电源自动切换装置	SM-VS/630A/4P	—	2005年
		断路器	NS630N/3P	梅兰日兰	2005年
		电流互感器	LQZ-0.66 500/5	通州市东源电器机械设备厂	2005年
		多功能仪表	PM9810	SUNWISE	2005年
		避雷器	DEHZ900104 80KV 1级	—	2005年
柴油发电机组	5-010	柴油机	12V135JZD	无锡动力工程有限公司	2005年
		发电机	HCI444E2	无锡斯坦福	2005年
		控制屏	FKTY13-260T	无锡华友发电设备有限公司	2005年
展示馆动力柜416	5-011	熔断器	RT36-1 gG 250A	浙江正泰电器股份有限公司	2008年
		断路器	NSE100N	梅兰日兰	2008年
		断路器	NM10-100/300	正泰集团公司	2008年
		避雷器	FYS-0.22		2008年
		电流互感器	LMZ-0.66	通州市东源电器机械设备厂	2008年
		电流表	42L6 200/5A	正泰集团公司	2008年
		电压表	42L6 AC 450V	正泰集团公司	2008年

表1-3(续)

设备名称	设备编号	分部设备名称	型号	生产厂家(品牌)	出厂时间
1#护镜门活动小门LCU柜	6-001	触摸屏	XGBTG5330	施耐德	2018年3月
		PLC	PREMIUM	施耐德	2018年3月
		断路器	S252C10	施耐德	2018年3月
		开关电源	24V,5A	西门子	2018年3月
		断路器	3p 65A	梅兰日兰	2018年3月
		交流接触器	LC1-D09	梅兰日兰	2018年3月
		热继电器	LR2-1305C	梅兰日兰	2018年3月
		中间继电器	LY2N-D	欧姆龙	2018年3月
		转换开关	LW12-16	正泰集团公司	2018年3月
2#护镜门活动小门LCU柜	6-002	触摸屏	XGBTG5330	施耐德	2018年3月
		PLC	PREMIUM	施耐德	2018年3月
		断路器	S252C10	施耐德	2018年3月
		开关电源	24V,5A	西门子	2018年3月
		断路器	3p 65A	梅兰日兰	2018年3月
		交流接触器	LC1-D09	梅兰日兰	2018年3月
		热继电器	LR2-1305C	梅兰日兰	2018年3月
		中间继电器	LY2N-D	欧姆龙	2018年3月
		转换开关	LW12-16	正泰集团公司	2018年3月
配电和照明LCU柜	6-003	触摸屏	XGBTG5330	施耐德	2018年3月
		PLC	PREMIUM	施耐德	2018年3月
		断路器	S252C10	施耐德	2018年3月
		开关电源	24V,5A	西门子	2018年3月
		中间继电器	LY2N-D	欧姆龙	2018年3月
		转换开关	LW12-16	正泰集团公司	2018年3月

表1-3(续)

设备名称	设备编号	分部设备名称	型号	生产厂家(品牌)	出厂时间
JGP配电柜	7-001	断路器	NS250N/3P 160A	梅兰日兰	2005年
		熔断器	NT00-160A	宁波燎原电器厂	2005年
		熔断器	NT00-100A	宁波燎原电器厂	2005年
		熔断器	NT00-63A	宁波燎原电器厂	2005年
		熔断器	NT00－32A	宁波燎原电器厂	2005年
		电流互感器	NH-0.66-150/5	—	2005年
		交流接触器	SC-E5	富士	2005年
		接触器	SC-E05-C-1A1B DC24V	富士	2005年
		电压表	BE-72	—	2005年
		电流表	BE-72 150/5	—	2005年
JG-L、F景观照明配电箱	7-002	空气开关	C32,Vigi,4p	施耐德	2014年
		空气开关	C16,DPN	梅兰日兰	2014年
		交流接触器	SC-B05-1A1B DC24V	富士	2014年
JG-M景观照明配电箱	7-003	空气开关	C32,Vigi,4p	施耐德	2014年
		空气开关	C16,DPN	梅兰日兰	2014年
		交流接触器	SC-B05-1A1B DC24V	富士	2014年
JG-R景观照明配电箱	7-004	空气开关	C32,Vigi,4p	施耐德	2014年
		空气开关	C16,DPN	梅兰日兰	2014年
		交流接触器	SC-B05-1A1B DC24V	富士	2014年

表1-3(续)

设备名称	设备编号	分部设备名称	型号	生产厂家(品牌)	出厂时间
景观照明EPS柜	7-005	空气开关	DPN Vigi 16A	梅兰日兰	2005年
		空气开关	DNP16	梅兰日兰	2005年
		接触器	SC-B05-1A1B DC24V	富士	2005年

注:表中部分设备的型号、生产厂家(品牌)、出厂时间未进行标注,原因是工程建设时期资料不全,未能查阅到。

第二节　值班要求及岗位职责

一、一般要求

(1) 三汊河河口闸通过购买服务方式设置工程养护维修服务项目部,项目部全年24 h在水闸中控室值班室进行值班。

(2) 发生突发事件或事故时,值班人员应立即上报项目部经理进行处置,并上报三汊河河口闸工程管理处(简称“管理处”)工管科。

(3) 值班人员应熟悉运行管理的相关知识和要求,严格执行管理制度。

二、值班人员岗位职责

(1) 值班人员负责值班期间河口闸水位水质控制、控制设备检查报修、管理处内部和闸区的安全保卫工作督促检查、来访人员接待、上级指令执行处理、电话接听处理、及时汇报情况等工作,具体要求如下:

① 值班人员应按要求控制好闸上水位,并关注水质变化情况,遇水质恶化事件应及时向领导汇报处理。

② 值班人员应密切关注雨情、水情,尤其在汛期应加大观测频率,遇紧

急情况及时向管理处领导汇报处理，并请养护单位协助应急处理。

③ 值班人员应检查控制设备、监控设备等工作是否正常，遇故障及时处理，处理不成应请相关技术人员协助处理。

④ 值班人员要提高安全意识，值班期间做好管理处内部和闸区的安全保卫工作，并检查闸区保安工作是否到位，防范安全事故发生。

⑤ 值班人员应及时传达、记录并按规定处理上级指令，保证指令的及时传达和执行(上级通过电话或其他方式的通知内容应先向管理处主任汇报后执行)。

⑥ 值班人员应做好值班电话接听、记录和处理工作，不得无故将电话呼叫转移。

⑦ 值班人员应做好值班期间来访人员的接待工作。

(2) 值班结束后，值班人员应认真填写值班记录表并签名，内容包括：值班期间的大闸门、液压小门启闭工作记录，上级任务安排及重要来电的时间和完成要求，当日水情、天气等情况，并在备注栏内填写需交接事项的具体要求。

(3) 值班期间，值班人员要认真贯彻落实重大事项报告制度，遇有重要事情，要及时向管理处主任汇报。

三、汛期工作制度

(1) 每年 5 月 1 日至 9 月 30 日为汛期，管理处实行 24 h 值班制度。

(2) 管理处防汛工作实行行政责任人和技术责任人制，各科及各养护项目部负责人为本部门防汛责任人，各级责任人需按照管理处汛期各项工作制度规定的要求履行防汛工作职责。

(3) 管理处工管科负责全处防汛日常工作，对防汛值班、调度指令的执行等情况进行督查，并于每日早 9 点前将当日天气、水位及前一天最高水位、最低水位在管理处一楼显示屏上显示。

(4) 汛期管理处行政责任人、技术责任人、各科室负责人必须保证各自的通信设备 24 h 处于完好、畅通状态。

(5) 值班人员未经同意不得对外发布雨情、水情、工情等重要信息。

(6) 管理处防汛值班当班人员接到重要水情、雨情信息及上级防办调度指令，或者本管理处发生防汛险情时，应及时告知管理处领导和有关部门，同时做好记录，并按管理处领导回复的意见进行现场应急处理。

(7) 值班人员要严格遵守管理处汛期工作规定，履行好各自的值班职责。

(8) 管理处值班人员因工作纪律涣散、责任心不强，造成重要水情信息严重失实或延误、调度指令终止或失误，以及因违章操作而造成事故的，管理处将追究当事人责任。

(9) 值班人员必须按照管理处管理规定，加强对工程的巡视检查，掌握工程状况，发现问题及时处理。

(10) 水闸控制运用时，值班人员必须严格执行控制运用原则和操作规程，相关人员接到闸门开启或防汛抢险任务通知后必须立即赶赴现场。

(11) 严格执行事故报告制度。汛期发生事故时，值班人员应立即向管理处领导汇报，保护好现场，及时报告事故原因、损失及处理意见。

(12) 在汛期，所有职工一般不得请假，如确需请假，须经管理处主要领导审批同意，管理处领导外出离开南京时须经市水务局同意。

第三节　闸门启闭要求及流程

一、闸门启闭要求

(1) 三汊河河口闸工程控制运用执行南京市水务局工程运行管理处调度指令。

(2) 管理处接到调度指令后，应详细记录、复核，并做好闸门启闭准备工作，调度指令执行完毕后向南京市水务局工程运行管理处汇报。

(3) 管理处管理人员在工作中必须严格掌握水闸控制运用及各项工作制度，如发现异常情况，应立即向上级报告，必要时采取应急措施，确保工程安全。

二、大闸门控制运用原则

(1) 非汛期。

闸下水位(高低潮平均水位)上涨到 5.70 m，且继续上涨时，经南京市水务局工程运行管理处批准后可开启大闸门；闸下水位(高低潮平均水位)下降到 5.70 m，且继续下降时，经南京市水务局工程运行管理处批准后关闭大闸门；当液压小门顶溢流将超过设计过流能力(80 m^3/s)时，经南京市水务局工程运行管理处批准后开启大闸门。

(2) 汛期(5 月 1 日—9 月 30 日)。

① 5 月 1 日—5 月 31 日：当闸下水位(高低潮平均水位)达到 5.70 m，且继续上涨时，经南京市水务局工程运行管理处批准后开启大闸门；其间如接到南京市水务局工程运行管理处调度指令，需及时执行；当大闸门处于关闭工况时，应密切关注秦淮河流域天气及水雨情，及时分析研判，在保证工程和流域防洪安全的前提下，经南京市水务局工程运行管理处批准开启大闸门。

② 6 月 1 日—8 月 31 日：为确保工程及流域防洪安全，大闸门原则上处于开闸行洪状态。在不影响流域防洪安全的前提下，如遇省市重要活动，兼顾河道景观要求，报南京市水务局工程运行管理处并经江苏省水旱灾害防御调度指挥中心批准后，可临时关闭大闸门。

③ 9 月 1 日—9 月 30 日：当闸下水位(高低潮平均水位)低于 5.70 m，且继续下降时，经南京市水务局工程运行管理处批准后可关闭大闸门；当大闸门关闭时，应密切关注流域天气及水雨情，及时分析研判，在保证工程和流域防洪安全的前提下，经南京市水务局工程运行管理处批准开启大闸门。

④ 汛期大闸门关闭时，应密切注意天气变化，随时做好开闸准备。如遇

特殊情况，为保证工程安全，可先行电话请示南京市水务局工程运行管理处，经同意后开启大闸门，执行完毕后补办开闸调度相关手续。

(3) 在非汛期外秦淮河需要进行换水冲淤时，经南京市水务局工程运行管理处批准开启大闸门。

(4) 因工程维修养护需要开启大闸门时，应经南京市水务局工程运行管理处批准。

(5) 大闸门起始开启高度和水位要求。

① 在任何水位组合下，严禁闸门在开启角度 2°以下停留。大闸门开启前，闸上水位应尽可能预降，一般要在 5.70 m 以下。

② 闸下水位低于 3.50 m 时不宜开启大闸门；闸下水位低于 3.00 m 时不能开启大闸门。

三、液压小门控制运用原则

(1) 在非汛期，闸上正常控制水位为 6.00～6.50 m。

(2) 在非汛期遇重大节日或重要活动时，经有关部门要求，闸上水位可控制在 6.50～6.70 m 之间。

(3) 运用液压小门控制水位期间，应避免出现下游水位比上游水位高的现象，以防止闸门反向受力。

四、大闸门启闭操作流程

闸门控制运用流程一般包括指令下达、负责人传达总体安排、确定闸门启闭角度、相关检查及工作准备、闸门启闭操作、安全撤离现场、执行情况回复等。

三汊河河口闸大闸门开启操作流程如图 1-1 所示。

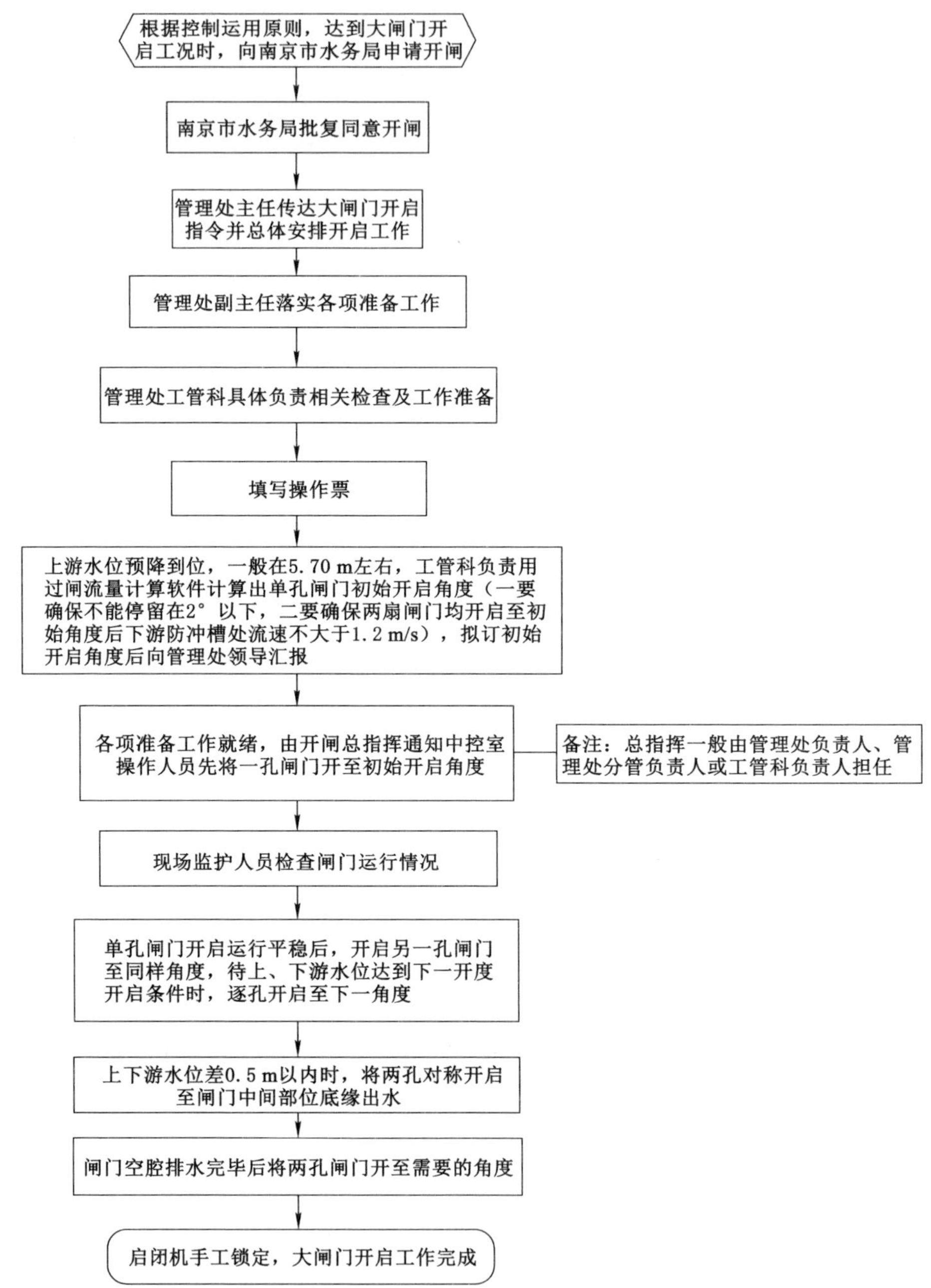

图 1-1　三汊河河口闸大闸门开启操作流程

三汉河河口闸大闸门关闭操作流程如图 1-2 所示。

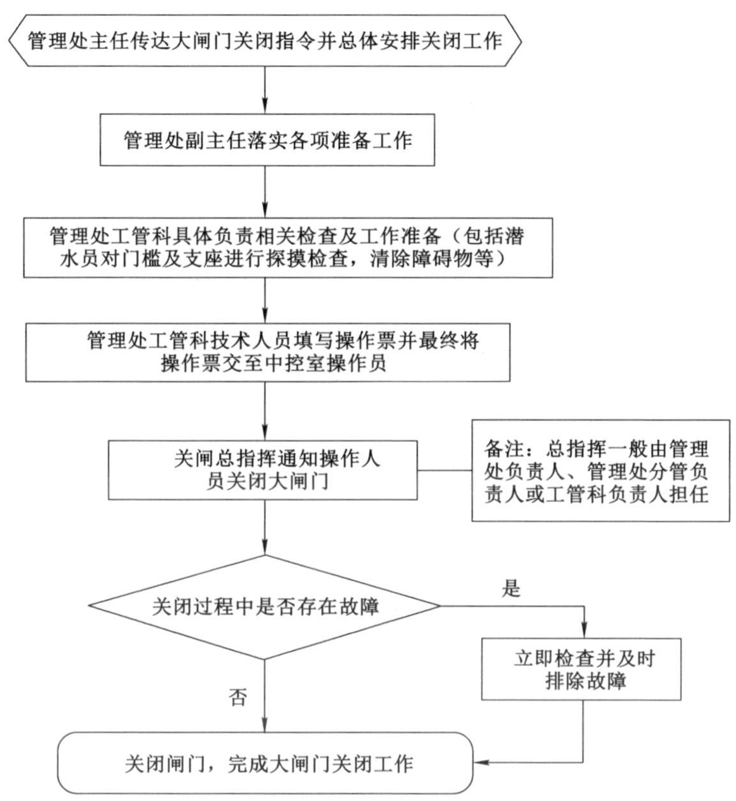

图 1-2　三汉河河口闸大闸门关闭操作流程

五、液压小门启闭操作流程

三汉河河口闸液压小门启闭操作流程如图 1-3 所示。

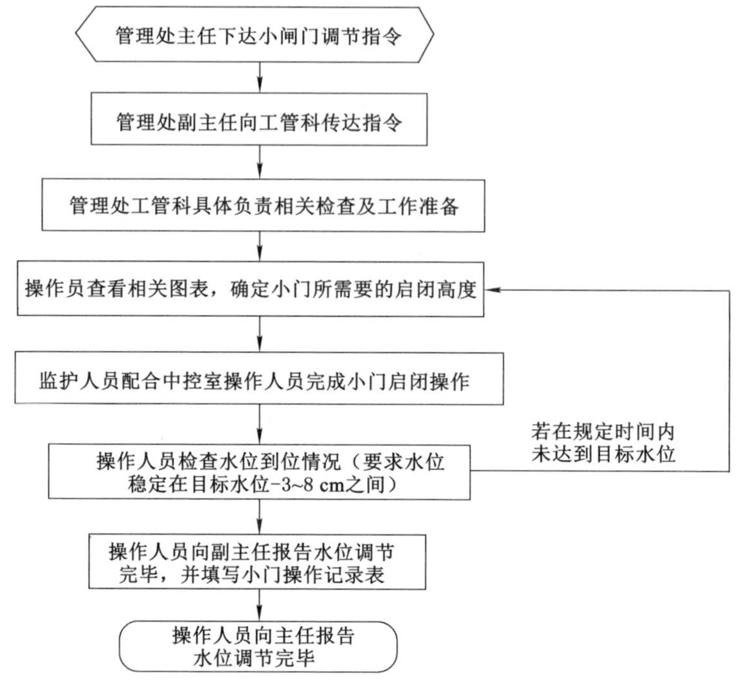

图 1-3　三汊河河口闸液压小门启闭操作流程

第四节　闸门启闭操作步骤

一、闸门启闭前的准备工作

（一）大闸门启闭注意事项

（1）为保证大闸门安全启闭，两扇大闸门可分别开启，开启起始角度为2°(含)以上。闸门严禁停留在容易产生共振的开启角度区间(0°～1.5°)。若发现闸门其他开度有共振现象，应立即调整闸门开度。

（2）闸下水位低于3.50 m时不宜开启大闸门；闸下水位低于3.00 m时不能开启大闸门。

(3) 大闸门开启时应防止下游河床冲刷，控制好下泄流量，增加开启角度前应查对开启角度、水位、流量关系图表，防止下泄流量过大对河道、堤防造成破坏。

(4) 在大闸门启闭操作过程中，如发现沉重、停滞、非正常声响等异常情况时，应立即停机检查加以处理并及时上报。

(5) 当大闸门开启时，门三铰拱位置处的下缘露出水面 20 cm 左右时应停留一段时间，至门体空箱内水排完后方可继续提升。

(6) 大闸门启闭时应派专人观测设备的运行情况，发现问题及时用对讲机报告总指挥及控制室操作人员。

(7) 接到闸门启闭的操作指令后，应立即安排，做好闸门启闭前的各项准备工作，按时启闭闸门。

(8) 启闭闸门前，应检查上下游有无船只、漂浮物或其他行水障碍，闸门位置是否正确，有无卡阻或障碍物，启闭机各机构是否完好及控制设备状态是否正常。应确保设备处于正常良好的状态，经确定无不安全因素时方可启闭闸门。

(9) 启闭闸门时，启闭机房及闸墩处均须有人现场监护，一旦发现问题及时处理。

(10) 两孔闸门原则上应同时均匀启闭，但开启角度在 2°以内时，为保证闸门安全，一般逐孔开启；待门体离开易产生共振区域后，在保证下游不受冲刷破坏的前提下，两孔闸门可连续对称开启。

(11) 当开启闸门接近最大开度或关闭闸门接近闸底时，要特别注意闸门开启角度显示，如不能自动停机，应手动停机，以防损坏机件和闸门。

(12) 在闸门冲淤或放空换水工况下，为保证下游河床(防冲槽末端)不受冲刷破坏，下游防冲槽处最大流速不宜超过 1.2 m/s。

(13) 闸门启闭过程中现场巡视人员应注意观察闸门、启闭机等设备有无异常现象，同时观察闸下游水流流态，防止发生集中水流、折冲水流、回流、漩涡、远驱式水跃等不良流态。

(14) 闸门开启后，操作人员应避免让闸门停留于发生振动的位置。如闸门停留于振动的位置应立即调整闸门开启角度。

(15) 闸门开启前,技术人员应按大闸门操作票中的要求进行检查落实,检查完后填写操作票,并请相关人员签字,操作人员收到手续齐全的操作票后方可操作。

(16) 闸门启闭后,操作人员应将本次开闸指令、操作票、启闭前后的上下游水位、流态、启闭起始开启角度及操作人员分工等情况填入闸门启闭记录簿内,做到每次启闭均有记录可查。

(17) 大闸门及启闭机的运行要求。

① 制定并严格执行大闸门操作规程,操作人员由专人负责。

② 运行人员必须了解盘香式启闭机的操作规程,熟悉机械各部件的动作并能正确操作。

③ 单孔大闸门上的两个吊点必须同步,同步误差值不大于 3 cm。

④ 大闸门启闭过程中应注意检查吊头,不得有大的污物,如发现有碍闸门正常运行的杂物和污物应及时清除。

⑤ 大闸门关闭前应注意检查闸门支铰,及时清除支铰处有碍闸门正常运行的杂物和污物。

⑥ 当闸门处于全开位置,且停留时间超过 12 h 时,必须锁定闸门,即锁定盘香式启闭机的大齿轮。当启闭机的大齿轮锁定时,限位开关动作切断主电源。下次启闭闸门前,必须解除锁定,限位开关动作接通主电源,电气控制柜方能控制启闭机。

(18) 电动机在运行中应注意以下事项。

① 电动机运行时,轴承转动应无异常声响。

② 日常按时对电动机进行清扫和检查。

③ 电机轴承应每 5 年或运行时间超过 200 h 更换一次润滑油。

④ 电机外壳温度不应超过人手能承受的温度(红外线测温,限值 50 ℃)。

(19) 减速机和开式齿轮在运行期间应注意以下事项。

① 减速机润滑油必须清洁,润滑油性能及换油时间必须符合减速机的规定,换油时应清除壳内污物。

② 减速机工作时，油温一般不超过 40 ℃，最高不超过 60 ℃。

③ 工作中如发现有异常声音、冲击和油温急剧增高及其他不正常现象时，应立即停止运行，查明原因并消除故障。

（二）大闸门开启准备工作

（1）管理处领导召开会议，布置各项工作。

（2）组织处工管科相关人员按照大闸门开启操作规程和大闸门启闭操作票的相应要求，对相关设备进行全面的检查。

（3）通知南京秦淮河建设开发有限公司做好外秦淮河武定门至三汊河口段由于开闸水位下降可能引发的船舶、在建工程安全应对工作。

（4）请南京市水务局工程运行管理处协调省秦淮河水利工程管理处，做好预降水期间武定门闸的调控工作。

（5）完成上下游拦船设施的解开及固定工作。

（6）大闸门启闭前，现场监护人员应检查上下游警戒区内有无船舶、漂浮物等，如发现有船只、人员，应及时用扩音器喊话或人工方式通知其迅速撤离至安全水域。

（7）提前检查拦河设施，防止因开闸冲断而造成破坏。

（8）检查闸门状态、门侧止水处有无卡阻及障碍物。如图 1-4 所示。

（9）检查电源电压是否正常，三相电压是否在 380V±10%范围内。若遇电网停电，应立即启用柴油发电机供电。如图 1-5 所示。

（10）检查启闭机设备、仪表指示是否正常。如图 1-6 所示。

（11）检查启闭机齿轮油油位及自动黄油添加设备是否正常。如图 1-7 所示。

（12）技术人员必须按《大闸门远程控制操作规程》或《大闸门现地控制操作规程》相关要求进行其他准备工作。

（13）大闸门启闭前，技术负责人必须向操作人员明确交代启闭步骤、启闭高度、启闭时间等注意事项，并填写相关操作票。

（14）提前与其他相关单位做好沟通协调工作，确保闸门能按时安全启闭。

图 1-4　大闸门侧止水

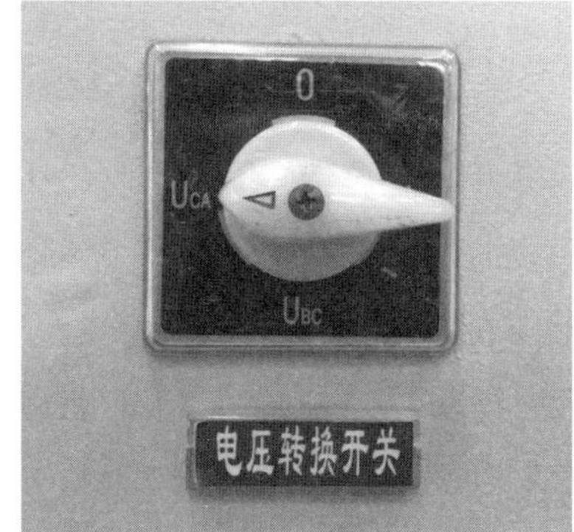

图 1-5　大闸门现地控制柜电压表和电压转换开关

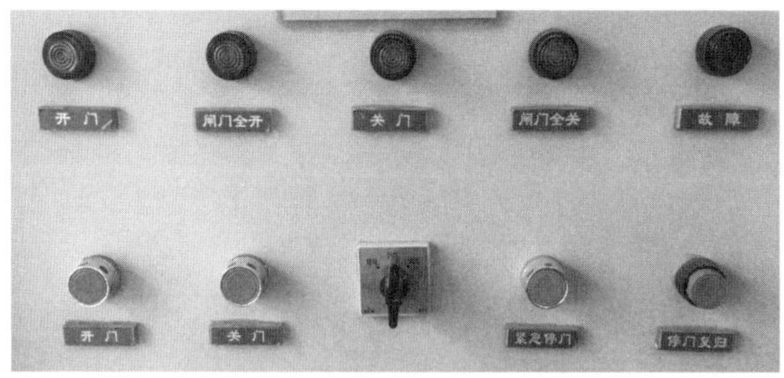

图 1-6　大闸门现地控制开关和指示灯

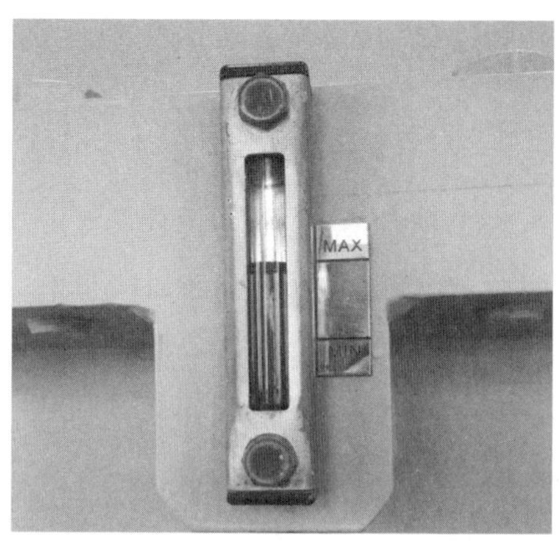

图 1-7 盘香式启闭机齿轮油油位

（三）液压小门启闭前的检查

（1）检查门顶及开度仪上是否有漂浮物或其他行水障碍，闸门位置是否正确，有无卡阻，启闭机各部件是否完好，开度仪有无失灵，电气设备有无受潮。

（2）检查工程现场监护人员是否就位，确保设备处于正常良好的状态，经确定无不安全因素时方可启闭液压小门。

（四）液压小门操作要求

（1）当需要外秦淮河水位在 5.70～6.70 m 之间变化时，可通过操作大闸门上的液压小门来满足水位要求。

（2）启闭液压小门前，应检查门顶及开度仪上是否有漂浮物或其他行水障碍，闸门位置是否正确，有无卡阻，启闭机各部件是否完好，开度仪有无失灵，电气设备有无受潮。应确保设备处于正常良好的状态，经确定无不安全的因素时方可启闭液压小门。

（3）启闭液压小门时，应有专人在工程现场进行监护。

（4）各扇液压小门应尽量开启同一高度，以利于形成瀑布景观。

（5）当开启液压小门接近最大开启角度或关闭闸门接近门顶时，要特别注意开度仪指示，以防损坏机件和闸门。

(6) 在液压小门启闭过程中,操作人员应注意观察闸门、启闭机等设备有无异常现象。

(7) 液压小门开启后,应尽量避免停留于发生声振的位置(门顶水舌高度 15 cm 左右和 80 cm 左右的位置)。如闸门停留于声振位置,应予以调整。

(8) 液压小门启闭后,操作人员应将本次启闭目的、启闭时间、目标水位要求、启闭前后的上下游水位、启闭前后门顶高度及操作人员分工等情况填入液压小门运行记录簿内,做到每次启闭均有记录可查。

(9) 液压小门及液压启闭机的运行要求。

① 单孔闸门上的 6 扇液压小门可以同时工作也可以单扇工作。

② 不同编号的液压小门不要求同步,但每扇液压小门上的两个液压点行程必须同步。单扇液压小门在启闭过程中,两液压点的不同步误差应不大于 20 mm。

③ 制定并严格执行液压小门操作规程,液压小门的操作一般应由专人负责,其他人员未经许可不得操控液压小门。

④ 操作人员必须了解液压小门操作规程、熟悉液压系统的性能和原理,并能正确操作。

⑤ 液压小门的液压启闭机在冬季运行时,液压站的环境温度原则上应保持在 5 ℃以上。

⑥ 由于系统泄漏,液压小门从原开启角度位置下滑时,应及时对系统进行检查修理。液压小门的液压启闭机在 48 h 内,由于液压系统泄漏而造成的液压小门的下滑应不大于 50 mm。

(10) 液压启闭机在运行期间,应注意以下事项。

① 油泵运转时要检查有无振动和噪音,能否达到正常油压值。

② 检查液压管道有无激烈振动,管路支架是否固定牢靠,油管连接处有无漏油。

③ 当提升液压小门时,如油压超过正常值,由电接点压力表切断油泵电动机的电源后,应立即检查液压小门有无卡阻现象、全部油管有无堵塞、手动阀的位置是否符合运行要求。

④ 要定期检查油箱中的油位是否正常。

二、大闸门开启操作步骤

(1) 报南京市水务局工程运行管理处准备开启大闸门。

(2) 按大闸门启闭操作规程及操作票相关要求，做好开启前相关检查及准备工作(含机电及控制设备检查、流量达 80 m^3/s 泄洪时解开拦船设施、警戒区内的船舶撤离、闸区范围内的无关人员撤离现场等)。

(3) 待收到南京市水务局工程运行管理处同意开门的通知后填写操作票，并请相关人员签字，手续完毕后将操作票交中控室操作人员，操作人员检查开门手续完备后准备执行开门操作。

(4) 上游水位预降到位，一般在 5.7 m 左右，工管科负责用过闸流量计算软件计算出单孔闸门初始开启角度(一要确保不能停留在 2°以下；二要确保两扇闸门均开启至初始角度后，下游防冲槽处流速不大于 1.2 m/s)，拟订初始开启角度后向管理处领导汇报。

(5) 单孔闸门开启运行平稳后，开启另一孔闸门至同样角度，待上、下游水位达到下一开启角度的开启条件时，逐孔开启闸门至下一开启角度。闸门停在某开启角度期间，现场监护人员应密切关注闸门运行平稳状况，如发现异常情况应立即通知中控室关闭闸门。

(6) 一般情况下，待上、下游水位差小于 0.50 m，且能满足下游防冲槽处流速不大于 1.2 m/s 时，将两孔闸门对称开至闸门中间部位的底缘出水时停门，以利于闸门空腔部位排水。

(7) 闸门空腔部位排水完毕后，可连续将两闸门开启至需要的角度。

(8) 当大闸门需在开启状态停留时间超过 12 h 时，应将启闭机手动锁定装置锁好。

(9) 关于 1# 门(左岸)、2# 门(右岸)开启的先后顺序：根据上次开闸时上游的水流情况，确定本次先开启 1# 门(或 2# 门)至指定角度，观测闸门运行是否平稳，待平稳后再开启另一扇门进行对称泄流。

三、大闸门关闭操作步骤

（1）关闭大闸门需蓄水时，需报南京市水务局工程运行管理处批准准备关闭大闸门。若是开闸冲淤工况，则在开启闸门时一并报告申请。

（2）闸门门槛及支铰处水下探摸检查，有障碍物需清除。

（3）按大闸门启闭操作规程及操作票相关要求做好闭门前检查及准备工作，尤其要松开启闭机手动锁定装置。

（4）填写操作票，并请相关人员签字，手续完备后将操作票交中控室操作人员，操作人员检查开门手续完备后准备执行闭门操作。

（5）当自动化控制系统、启闭机制动系统及相关设备动作正常后，可连续操作闸门至关闭状态。

（6）大闸门闭门期间，操作人员应及时记录闸门启闭时间、上下游水位、闸门开启角度等基础数据，并在闸门启闭工作结束后及时整理归档。

四、液压小门启闭操作步骤

（1）按液压小门启闭操作规程等要求，做好启闭调节前相关检查及准备工作。

（2）检查液压小门门顶水深、过流能力曲线图，初步确定液压小门所需启闭的高度。

（3）现场监护人员到场监护后，开启液压小门至需要的高度。

（4）观察上游水位升降情况，如还需再次升降，则再按第（2）条、第（3）条规定升降液压小门，直至符合目标水位要求。

（5）液压小门启闭工作结束后，操作人员将液压小门操作记录表中的内容填写完整，本次液压小门启闭工作结束。

五、闸门远程控制操作步骤

（一）准备工作

准备工作是将现场控制柜上的“现地”“远方”“试验”切换开关旋转到

“远方”位置上。如图 1-8 所示。

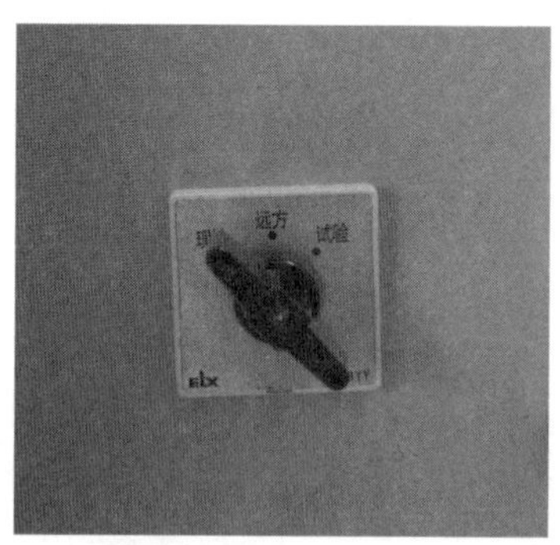

图 1-8　三汊河河口闸现场控制柜开关

（二）大闸门远程启闭操作

（1）打开监控主机显示器电源，打开监控主机电源，登录后打开三汊河河口闸自动控制系统_SCADA1 运行程序，点击程序任意位置后将进入系统登录界面运行。如图 1-9 所示。

（2）点击南京市三汊河河口闸自动控制系统登录按钮，输入登录名和密码，进入系统主界面。

图 1-9　南京市三汊河河口闸自动控制系统登录界面

该主界面功能：主画面是自动化控制系统的一个运行界面，该界面反映了南门、北门两孔闸门的开闸、落闸和停止的状况，各闸门的电流、角度、吊点偏差等分别显示在命令按钮左侧。该界面还显示了上游水位、下游水位，以及运行记录、历史趋势等操作。图1-10为三汊河河口闸护镜门控制系统主界面。

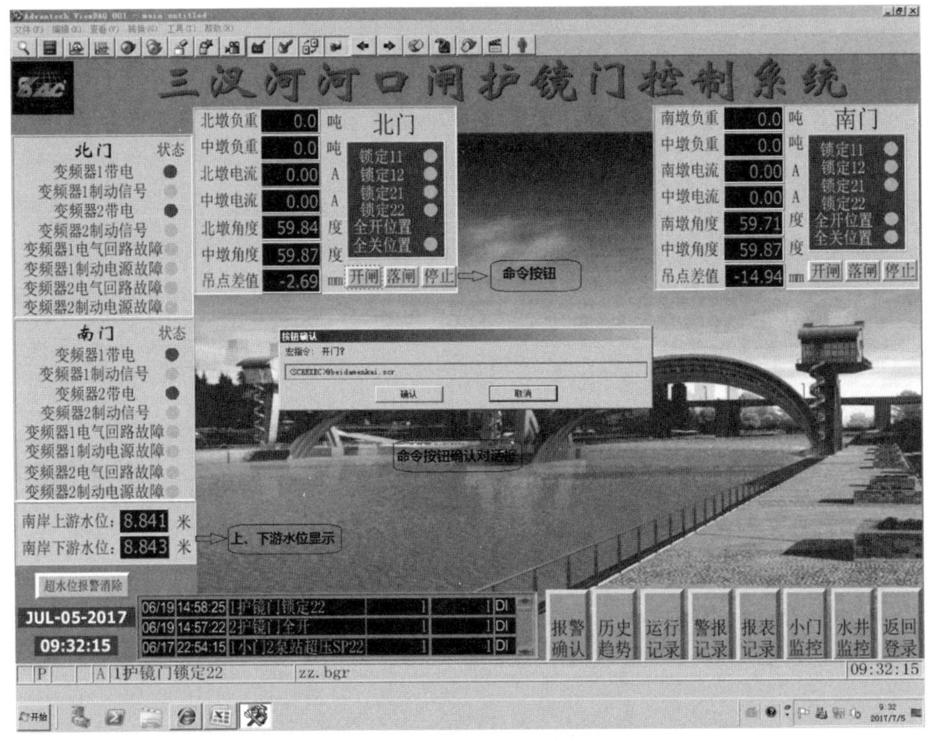

图1-10 南京市三汊河河口闸护镜门控制系统主界面

(3) 点击开闸命令按钮，确认后进行闸门开启操作。达到指定开启角度后，点击停止命令按钮，确认后闸门停止动作。点击落闸按钮，确认后进行闸门关闭操作。闸门关闭后，点击停止按钮，确认后闸门停止动作，全部关闭。

(4) 大闸门启闭后检查。

① 大闸门开启后，需再一次巡视上下游水面及闸上有无异常情况。

② 大闸门关闭后，检查确认现场是否存在门震现象，及时微调液压

小门。

③ 大闸门关闭后，需要加强上游巡查工作；及时连接上游拦河设施；应及时清理河道垃圾，防止因河道垃圾堆积过多而对液压杆及闸门造成损伤。

④ 相关人员应及时将启闭依据，启闭时间，启闭前后上下游水位、流态，起始开启角度，启闭顺序，操作前后设备状况，操作过程中的不正常现象，以及采取的措施，填入工程大事记和闸门启闭记录簿中。

（三）液压小门远程启闭操作

（1）打开中控室液压小门控制设备电源并开机，将现场控制柜上的“现地”“远方”“试验”切换开关旋转到“远方”位置上。如图 1-8 所示。

（2）打开监控主机显示器电源，打开监控主机电源，登录后打开三汊河河口闸自动控制系统_SCADA1 运行程序，点击程序任意位置后将进入系统登录界面运行。如图 1-9 所示。

（3）点击南京市三汊河河口闸自动控制系统登录按钮，输入登录名和密码，进入系统主界面。

（4）点击系统主界面右下角的小门监控按钮，进入活动小门控制系统主画面，呈现如图 1-11 所示主界面。

该主界面介绍如下。

① 主界面功能。该界面反映了北门、南门操作选择，并显示液压闸门液压站的压力、油温和油位情况。

② 控制模拟图。控制模拟图反映了 1～6 号小门实际开启角度、设定开启角度、小门电机运行等情况，如图 1-12 所示。当一扇大门上的 6 个液压小门需同步启闭时，点击总遥调按钮，在弹出的对话框内输入需开启的高程数值，点击确定后，液压小门即可自动升降至设定的高程。液压小门升或降操作完成后，应核对闸门高程是否准确。当需要单独进行各液压小门的升降操作时，可双击各小门设定开启角度栏的空白处，在光标闪烁处输入该门需开启的高程值，液压小门自动升降至设定的高程。

图 1-11　三汊河河口闸活动小门控制系统主界面

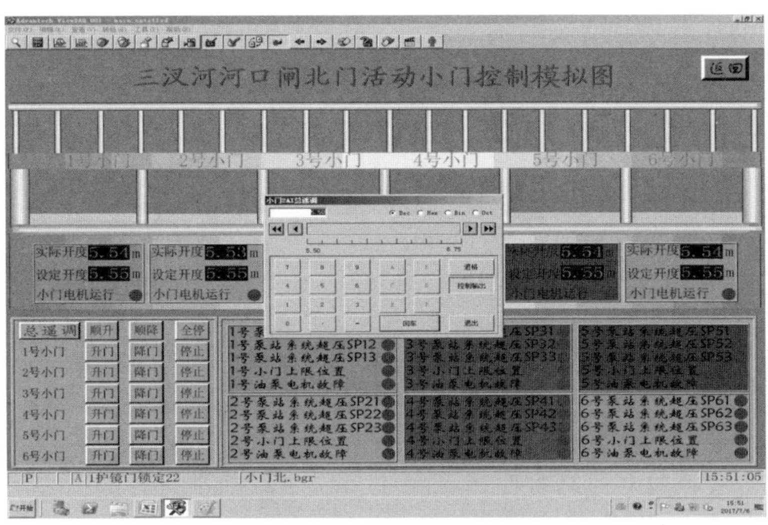

图 1-12　三汊河河口闸北门活动小门控制模拟图

第五节　控制运用管理标准

控制运用管理标准包括调度管理标准、运行操作标准、运行值班标准等。

一、调度管理标准

调度管理标准见表 1-4 所列。

表 1-4　调度管理标准

标准项目	标准内容
指令接受	三汊河河口闸控制运用应按南京市水务局的调度指令或批准的控制运用方案进行，不得接受其他任何单位和个人的指令
指令执行	管理处接到南京市水务局的调度指令后，根据指令内容、工程运用曲线，结合当时上下游水位情况，确定启闭方案，由管理处主任下达启闭指令，并填写三汊河河口闸大闸门启闭命令票
节制闸调度	根据指令，适时调节上游水位和下泄流量；出现洪水时及时泄洪
指令回复	指令应详细记录、复核，执行完毕后及时上报，并填写开门/关门操作命令票

二、运行操作标准

运行操作标准见表 1-5 所列。

表 1-5 运行操作标准

标准项目	标准内容
运行准备	接到启闭指令后，值班人员应及时就位
	检查上下游管理范围和安全警戒区内有无船只、漂浮物或其他影响闸门启闭或危及闸门、建筑物安全的施工作业，并进行妥善处理
	检查闸门启、闭状态，有无卡阻、淤积，大闸门关闭前闸门门槛及支铰处进行水下探摸，有障碍物需清除；检查启闭设备、监控系统及供电设备是否符合运行要求；观察上下游水位和流态
	通过警报或扩音器提前做好开闸预警工作
启闭操作	应由持有上岗证的闸门运行工或熟练掌握操作技能的技术人员按规程进行操作
	大闸门起始开启角度和水位要求：在任何水位组合下，严禁闸门在开启角度 2°以下停留。大闸门开启前，闸上水位应尽可能预降，一般要在 5.70 m 以下。闸下水位低于 3.50 m 时不宜开启大闸门。闸下水位低于 3.00 m 时不能开启大闸门
	过闸水流应平稳，避免发生集中水流、折冲水流、回流、漩涡等不良流态；关闸或减少过闸流量时，应避免下游河道水位下降过快
	由开闸总指挥通知中控室操作人员先将一孔闸门开至初始开启角度，单孔闸门开启运行平稳后，开启另一孔闸门至同样角度；闸门停在某开启角度期间，现场监护人员应密切关注闸门运行平稳状况，如发现异常情况应立即通知中控室关闭闸门
	一般情况下，待上下游水位差小于 0.50 m，且能满足下游防冲槽处流速不大于 1.2 m/s 时，将两孔闸门对称开至闸门中间部位的底缘出水时停门，以利于闸门空腔部位排水。待闸门空腔部位排水完毕后，可连续将两闸门开至需要的角度
	闸门运用应填写启闭记录，记录内容包括启闭依据、操作时间、操作人员、启闭顺序、闸门开启角度及历时、启闭机运行状态、上下游水位、异常或事故处理情况等

三、运行值班标准

运行值班标准见表 1-6 所列。

表 1-6　运行值班标准

标准项目	标准内容
人员配备与管理	运行值班人员数量和质量应满足规范要求，值班人员应熟练掌握设备操作规程和程序，且具有事故应急处理能力及一般故障排查能力
	值班人员应严格遵守工作纪律，不得擅自离开工作岗位
	运行值班人员应保持仪表整洁，认真值班，精细操作，不得做与值班无关的事，不负责接待参观，不得将非运行人员带入值班现场
巡查检查	汛期及运行期实行 24 h 值班制，密切注意水情，及时掌握水文、气象、洪水、旱情预报，严格执行调度指令，做好工程运行管理工作
	加强对工程设施检查观测和运行情况巡视检查，随时掌握工程状况，发现问题及时上报并落实处理措施
交接班	水闸运行需要交接班的，在交班前 30 min，由当班人员按交班内容要求做好交班准备，接班人员提前 15 min 进入现场进行交接班
	运行值班人员应认真填写运行、交接班等记录，交接时应重点将本班设备操作情况、发生的故障及处理情况讲清楚

第六节　相关管理制度

一、控制中心管理制度

（一）一般规定

（1）非工作人员不得随意进入控制中心，外来参观人员需经管理处领导同意后方可进入参观。

（2）控制中心工作人员应保持室内整洁卫生，不得在室内吃零食、吸烟、随意丢弃垃圾。

（3）控制中心工作人员必须做好室内防火、防盗、防尘、防磁、防潮、防腐蚀等相关防护工作。

（4）进入控制中心的人员必须换穿室内拖鞋或鞋套，否则不许进入。

（5）严禁利用中心计算机或自带计算机进行上网、玩游戏等与工作无关的活动。

（二）技术管理

（1）非专业技术人员不得私自检修机器，不准随意开关计算机电源。

（2）工作人员需按正确方法开关机，不得随意搬动显示器和对显示器进行恶意调节。

（3）非专业技术人员不得设置个人密码，不得进行诸如格式化磁盘之类的操作。

（4）不得随意改动计算机设置或对应用程序进行修改，如确因工作需要，必须由科室先提出书面申请，经管理处主任批准后，由微机系统责任人完成，一人修改，一人监护，闸门启闭操作严格遵守操作票制度。

（5）系统若有异常、故障，应及时汇报，按规范排查。

（6）对于系统内资料，不得恶意破坏、擅自更改，并不得随意进行拷贝。

（7）操作员操作前必须在指定微机上按自己的口令登录，任何人不得使用超级口令。

（8）工作人员必须定期对系统进行杀毒及维护，按要求及时备份相关运行资料。

二、冬季工作制度

（1）温度低于 0 ℃前，对可能受冰冻破坏的设备，应采取有效的防冻措施。

（2）温度低于 0 ℃的时间段，应尽量避免启闭液压小门。

（3）冰冻期间确需启闭液压小门时，必须事先检查闸门液压设备、止水、门槽及润滑系统是否冻结，如有阻碍闸门启闭现象，应立即予以清除，试动作后方能启闭。

（4）冰冻期间或遇有大雪时，闸墩表面、闸门顶人行桥面、螺旋爬梯及两岸附近的积冰、积雪应及时清除。

三、柴油发电机房管理制度

(1) 每周至少打扫一次室内卫生,保持发电机房及其周围的清洁卫生。

(2) 机房钥匙实行专人保管,不得随意借给他人或配制。

(3) 机房内的各类工具必须妥善保管,借用工具必须办理手续。

(4) 机房内严禁随意堆放无关物品,垃圾应及时收集装袋。

(5) 机房管理人员应每月检查一次室内消防设施,并不得随意挪动,发现消防设施损坏或不能正常使用时应及时申请更换。

(6) 机房内确需动火作业时,报请同意后方可施工。施工前应清除易燃品,做好监护工作;施工后应认真检查,确认无火种后方可离开。

(7) 若发现火警,必须尽全力扑救,同时向安全责任人报告。

(8) 若发现设备有漏油现象,应立即查找泄漏点,并进行处理。

四、配电房管理制度

(1) 配电房内电气设备应由专职人员进行操作,非专职人员未经许可不得进行操作。

(2) 管理人员应每天巡视检查一次配电设备,查看电气设备运行状况。若发现异常现象,应立即处理。

(3) 管理人员应积极做好配电设备的修理、养护工作,保证配电设备正常工作。

(4) 应经常打扫卫生,保持配电盘及室内清洁。

(5) 上班期间,不得在配电房内做与工作无关的事情。

五、控制室大屏幕操作规程

(一) 开机

(1) 打开控制中心显示屏服务器主机及显示器,或确认其处于开机状态。

(2) 用遥控器分别对准 6 块屏幕中间,按 PWR ON 键(绿色),等待

1 min即可打开大屏幕。如某一块屏幕未点亮，对准后多按几次PWR ON键直至屏幕亮起。

（二）关机

（1）遥控器对准一块屏幕中间按ID ALL键，屏幕左上角出现IR ENABLED，按遥控器PWR OFF键（红色），出现关闭系统菜单，选择“是”，再按下遥控器OK键确认。

（2）其余5块屏幕如上述操作逐一进行。

（三）屏幕显示

打开控制中心显示屏服务器桌面上对应的已命名好的软件即可。

六、一楼大厅液晶显示屏操作规程

（一）大屏幕开启

（1）将一楼设备室内断路器合闸，给一楼大厅显示屏供电。

（2）将控制电脑开机。

（3）双击电脑桌面上的大屏幕图标，进入大屏幕应用程序。

（二）文本编辑

双击桌面上的楼下大屏幕的图标，出现编辑控制窗，编辑控制窗是本软件主要的人机交互界面，通过这个窗口，用户可以编辑节目内容及其播放方式；保存和载入节目文件；设置节目窗的数量、大小和位置；控制节目的播放、暂停与结束；控制液晶显示屏基本状态和参数；编辑控制窗，包含系统菜单、工具栏、液晶显示屏选择页、节目编辑区和项目属性区等。

系统菜单：包含文件、控制、工具、设置等菜单项，用于对系统进行控制和设置。

工具栏：包含新建、打开、保存、显示/隐藏播放窗口、编辑节目、播放、停止和后台播放等功能的快捷按钮。

液晶显示屏选择页：选择对某一个播放窗口（液晶显示屏）的节目文件进行编辑或控制。

节目编辑区：包含对节目文件进行编辑的工具。节目树编辑框显示节目文件结构；编辑按钮对节目文件内容进行增、删和修改操作。

项目属性区：对应于节目文件树状结构中的各个内容项目，显示当前项目的各种属性设置选项。

（三）信息发送

(1) 按发送键发送到楼下大屏幕。

(2) 关闭程序：退出大屏幕控制程序后关闭控制电脑。

(3) 断开给大屏幕供电的断路器。

七、配电房集水井自动控制系统操作规程

（一）控制系统开启

(1) 将配电房内配电房集水井断路器合闸，给集水井控制系统供电。

(2) 打开控制箱门，合上箱内断路器。

(3) 关闭控制箱，检查控制箱面板上电源指示灯是否已亮。

（二）控制系统操作

(1) 集水井自动控制系统有 3 种控制方式：手动现地控制、现地浮球控制和远程自动控制。

(2) 手动现地控制状态下，可以通过操作控制箱面板上的一号水泵开启、停止及二号水泵开启、停止等按钮对水泵进行控制。运用该控制方式时，操作员必须在现场观察集水井水位状态，人为启闭水泵，并且所有的操作情况、水位变化情况等在监控计算机上都有记录。

(3) 现地浮球控制状态下，当水位到了浮球接通的位置时，水泵开始工作；当水位到了浮球断开的位置时，水泵停止工作。该控制方式不需要人为操作，并且所有的操作情况、水位变化情况等在监控计算机上都有记录。

(4) 远方控制状态下，水泵完全依赖投入式水位计反映的数据进行启停，当水位达到 0.60 m 时开启水泵，小于 0.25 m 时水泵停止工作；当一号水泵故障时，会自动启动二号水泵；当两台水泵都发生故障而不能工作或者

水位超过 0.80 m 时，系统给出报警信号。两台水泵是互锁的，不会同时启动。操作员也可以在控制界面上用鼠标点击一号水泵开启、停止和二号水泵开启、停止等按钮对水泵进行控制。注意：如果水位大于 0.60 m，界面上的停止按钮不起作用。所有的操作情况、水位变化情况等在监控计算机上都有记录。

（三）控制系统关闭

（1）打开控制箱门，断开箱内断路器。

（2）将配电房内配电房集水井断路器断开。

（3）关闭控制箱，检查控制箱面板上电源指示灯是否已灭。

（4）如果不需要检修，建议不要关闭自动控制系统。

八、六闸联控控制系统操作规程

（一）控制程序调用

（1）打开服务器电源。

（2）双击右下角任务栏里控制程序小图标（两个双电脑图案），即可进入六闸联控控制系统的操作主界面。

（二）信息调用

1. 调水线路演示

（1）点击主界面左下角调水演示图标，屏幕即显示秦淮河流域水系图图例。

（2）点击图中三条蓝色线路中的任何一条，屏幕即动态显示调水线路流向。

2. 各闸监控画面调用

（1）监控。

① 单击主界面右边 6 个闸中需调用闸的名称（如莲花闸），进入监控画面。

② 每个闸的主控画面打开后都会出现监控、视频、水质、返回按键。

③ 点击监控按键，便会出现此闸的监控画面。

（2）视频。

① 单击需调用位置视频名称，该点监视画面即可出现（因数据传输需要一定的时间，故点击到画面出现会有等待时间）。

② 点击断开连接便会断开图像连接，按返回登录回到上一层目录。

（3）水质。

单击主界面右边左下水质按钮，便出现 3 个提供水质的闸名称，上面的数字即为当前各闸的实时水质数据。

（4）返回。

在各个闸的主界面上单击返回按键，返回主界面。

（三）数据保存及浏览

1. 数据保存

选择转换栏下拉菜单中的历史趋势，选择所需查看项目，单击确定，出现数据界面，在编辑栏中选择导出数据，再另存为目标地址。

2. 数据浏览

选择主界面工具栏下拉菜单中的报表栏，按浏览键便可以浏览所需数据。

九、电气设备安全操作规程

（1）进行电气设备操作时，至少要有两人参加，一人操作，一人监护。操作人员应穿绝缘鞋，戴绝缘手套。严禁酒后作业。

（2）停、送电或自发电，应严格按照配电盘操作规程进行操作。

（3）分合闸后，操作人员应从分闸、合闸机械指示，绿灯、红灯信号指示，电压表、电流表的读数指示等方面检查确认，防止机械失灵，造成假分闸、假合闸现象。

（4）线路敷设、更换或维修时，必须分开上一级刀闸。当维修变压器低压侧出线第一级电气设备时，必须拉开变压器高压开关，并悬挂禁止合闸工作牌。如需合闸，须经专职人员确认后，由专人取牌送电。

(5) 进行二次线路维修时，必须切断外界电源，并悬挂禁止合闸工作牌。严禁带电作业。

(6) 令克棒、绝缘鞋、绝缘橡皮和绝缘手套每年需进行一次耐压试验，试验合格并贴上检验合格标签后方可使用。

(7) 发生火灾时，应先切除电源，而后使用二氧化碳或四氯化碳灭火器灭火。严禁使用泡沫灭火器灭火或泼水方式灭火。消防器材每半年须检查一次。

十、配电房安全操作规程

(1) 配电房内的设备应由专职电工操作，非专职人员不得随意进行停、送电操作。

(2) 停、送电操作应严格执行操作规程，严防误操作。

(3) 停电后的刀闸应在其手把上悬挂有关警告牌。若需再次送电，须由专职电工取牌操作。

(4) 在配电盘上带电作业时，必须做好安全措施，并应有专人监护。

(5) 配电盘接受自发电时，应先切除一切负荷，再合上双投刀闸。送电时应注意负荷的大小，不得超过发电机额定容量。

(6) 发生火灾时，应先切除电源，使用二氧化碳或四氯化碳灭火机灭火。严禁用泡沫灭火机或泼水方式灭火。

(7) 定期做好配电房内的清洁卫生、防潮、防尘、防火等工作。

十一、柴油发电机组操作规程

(一) 开机前的准备

(1) 检查供油、供水、润滑系统有无异常，发现情况及时处理。

(2) 分开 414 配电柜内各分路开关，分开自备发电机配电柜内的开关 1 K，分开配电柜 413 内的开关 413B。

（二）250 kW 发电机组启动步骤

（1）合上电瓶闸刀开关，检查发电机面板上的技术参数（触摸屏），确定正常后方可按下启动开关。

（2）机组启动后，自动程序开始执行，稍后发电机组电磁合闸装置自动工作，向自动发电机柜内送电。

（3）合上自备发电机配电柜内开关 2 K，向 414 动力柜供电；分别合上 414 配电柜内的各分路开关，向负载供电。

（三）停机前的准备工作

（1）与相关用电部门联系，逐步减少发电机的负载，断开 414 配电柜内的各分路开关。

（2）确定无负载后，按下控制面板上的停车键，发电机组自动进入停车程序，待机组停妥后断开自备发电机组配电柜内的开关 2 K，断开发电机组电瓶闸刀开关。

（四）停机后的恢复供电

在配电柜 413 受电的情况下，合上 413 柜内的 413B 开关，向发电机配电柜供电；合上开关 1 K，向 414 动力柜供电；分别合上 414 柜内的各分路开关，向负载供电。

第二章　工程检查与设备评级作业指导书

第一节　工程检查分类

三汊河河口闸工程检查分为日常检查、定期检查和专项检查。

一、日常检查

日常检查包括日常巡视和经常检查。

日常巡视：主要对水闸管理范围内的建筑物、设备、设施、工程环境进行巡视、查看。

经常检查：主要对建筑物各部位、闸门、启闭机、机电设备、观测设备、通信设施、管理设施及管理范围内的河道、堤防、拦河坝和水流形态等进行检查。

二、定期检查

定期检查包括汛前检查、汛后检查和水下检查。

汛前检查：着重检查建筑物、设备和设施的最新状况，养护维修工程和度汛应急工程完成情况，安全度汛存在问题及处理措施，防汛工作准备情况。汛前检查应结合保养工作同时进行。

汛后检查：着重检查建筑物、设备和设施度汛后的变化和损坏情况，冰冻地区情况，防冻措施落实及其效果等。

水下检查：着重检查水下工程的损坏情况。超过设计指标运用后，应及时进行水下检查。

三、专项检查

专项检查是指当发生地震、风暴潮、台风或其他自然灾害时，水闸超过设计标准运行，或发生重大工程事故后进行的特别检查。专项检查着重检查建筑物、设备和设施的变化和损坏情况。

四、填写记录与上报

三汊河河口闸检查应填写记录，及时整理、检查资料。定期检查和专项检查应编写检查报告，并按规定上报。

第二节　检 查 组 织

一、日常检查

日常检查由闸主体养护维修项目部人员进行。

检查应有专用记载簿，做好详细记录。

发现异常情况时，养护维修项目部经理应组织分析原因，及时向工管科技术人员汇报，由工管科领导同意后及时采取措施，并向管理处领导汇报。

二、定期检查

按照开展定期检查和南京市水务局有关文件的要求，管理处成立汛前

(汛后)检查工作领导小组,主任、分管工程副主任分别担任行政负责人和技术负责人。领导小组制订检查工作计划,落实检查任务,组织工管科与养护维修项目部共同实施,负责督察指导和考核验收等。

成立机电设备、水工观测、安全设施、软件资料、环境及水土保持、仓库物资等专门检查组,明确责任人,实施检查保养工作。

机电设备组负责盘香式启闭机和液压启闭机、闸门、变压器、配电设施、闸门自动监控系统、视频系统、广播系统、景观照明系统、备用电源、电力线路等设备设施的检查保养工作。水工观测组负责水工建筑物(水闸、堤防)及附属设施的检查养护工作,按照《江苏省水闸、抽水站观测工作细则》要求落实三汊河河口闸工程的观测工作和对两岸堤防上的设施、设备进行完好性检查。安全设施组负责管理范围内的上下游拦河索、安全保卫设施、闸区警示标牌、消防设施、绝缘工具、安全用具、卫生设施和其他安全防护措施落实情况的检查工作。软件资料组负责规章制度的完善,图表上墙,上年度档案整理归档,检查记录整理、提出综合分析意见和报告编写等工作。环境及水土保持组负责办公楼环境卫生、闸区绿化和保洁等工作。仓库物资组负责防汛物料和备品备件的检查、统计工作。

检查工作组根据定期检查的内容和要求对三汊河河口闸进行全面检查,并根据检查情况制订维修养护工作计划。

检查后,各养护项目部填写定期检查表,工管科对汛前、汛后检查工作进行总结,并上报南京市水务局审核。

三、专项检查

专项检查由工管科组织专业技术人员和各养护项目部进行。

应根据发生的特定灾害和事故进行有针对性的重点检查,工管科写出检查报告,对发现问题进行分析,编制修复方案和计划,并上报南京市水务局。

第三节 日常检查

日常检查包括日常巡视和经常检查。

一、检查周期

日常巡视每天不应少于一次。

经常检查每周不应少于一次，汛期应增加检查次数。水闸在设计水位运行时，每天应至少检查一次；超设计标准运行时，应增加检查频次。当水闸处于泄水运行状态或遭受不利因素影响时，对容易发生问题的部位应加强检查、观察。

二、检查要求

日常检查由技术人员负责，发现异常现象立即汇报、分析原因、采取措施，并记入工程大事记。

按照工程布置设计巡视检查线路。巡视检查线路应该涵盖管理范围内的工程建筑物、闸门、机电设备；线路尽可能简捷，无重复或少重复。

检查人员及时填写南京市三汊河河口闸工程日常巡视记录表和南京市三汊河河口闸工程经常检查记录表，对检查中发现的问题应做好详细记录。

三、日常检查标准

日常检查标准见表 2-1 所列。

表 2-1　日常检查标准

标准项目	标准内容
日常巡查	日常巡查每日一次，在高水位、大流量运行时应增加巡查频次。检查人员及时填写南京市三汊河河口闸工程日常巡视记录表
	主要检查建筑物、设备、设施是否完好；工程运行状态是否正常；是否有影响水闸安全运行的障碍物；管理范围内有无违章建筑和危害工程安全的活动；工程环境是否整洁；水体是否受到污染
经常检查	经常检查每周一次
	汛期或开闸运行时，每天应至少检查一次；超设计标准运行时应增加检查频次
	当水闸处于泄水运行状态或遭受不利因素影响时，对容易发生问题的部位应加强检查、观察
	详细检查闸室混凝土有无损坏和裂缝；堤防、护坡是否完好；翼墙有无损坏、倾斜和裂缝；启闭机有无渗油，钢丝绳排列是否正常；闸门有无振动；电气设备运行状况是否正常；观测设施、管理设施是否完好；通信设施运行状况是否正常；管理范围内有无违章建筑和危害工程安全的活动；工程环境是否整洁；水体是否受到污染等
问题处理	检查时应填写南京市三汊河河口闸工程经常检查记录表，遇有违章建筑和危害工程安全的活动应及时制止；工程运行出现异常情况，应及时采取措施进行处理，并及时上报

四、检查流程

检查流程如图 2-1 所示。

五、巡视检查线路

中控室→配电房→左岸堤防、景观照明设备及构筑物→1# 启闭机房→2#、3# 启闭机房→4# 启闭机房→右岸堤防、景观照明设备→巡查结束。如图 2-2 所示。

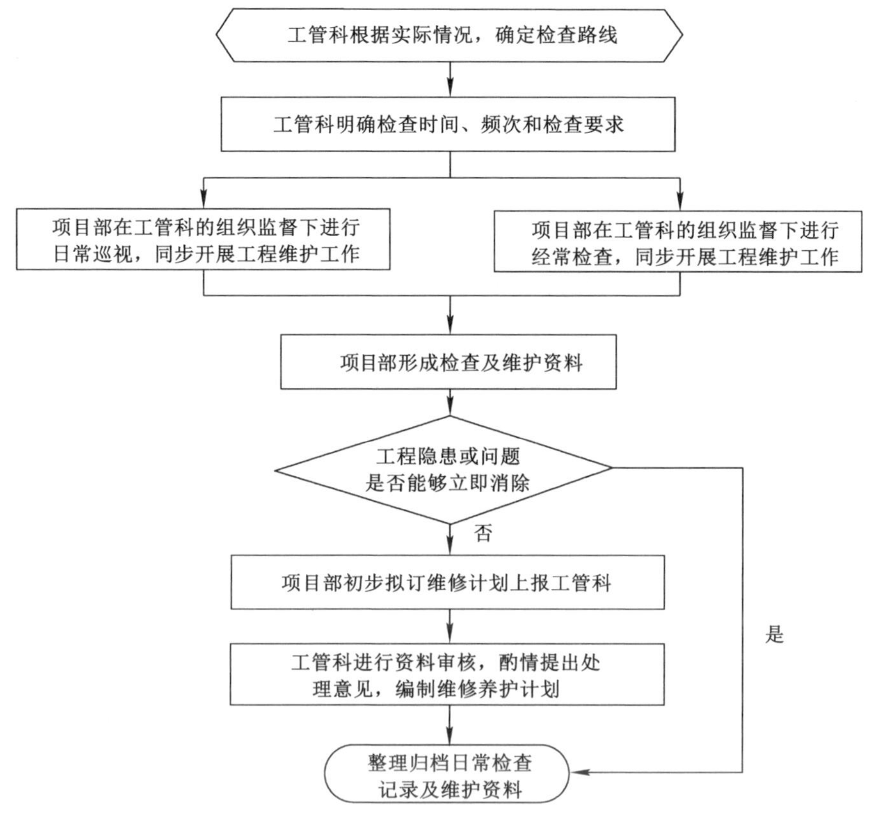

图 2-1　三汊河河口闸日常检查流程

六、检查内容

（一）日常巡视的内容

（1）建筑物、设备、设施是否完好。

（2）工程运行状态是否正常。

（3）是否有影响水闸安全运行的障碍物。

（4）管理范围内有无违章建筑和危害工程安全的活动。

（5）工程环境是否整洁。

（6）水体是否受到污染。

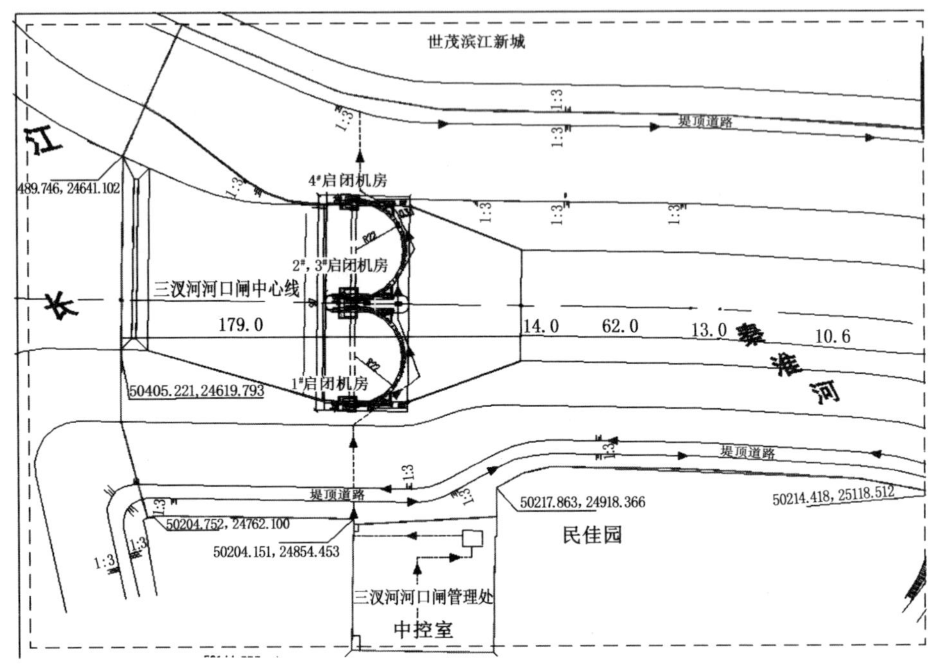

图 2-2　三汊河河口闸日常检查线路

（二）经常检查的内容

(1) 闸室混凝土有无损坏和裂缝，房屋是否完好，伸缩缝填料有无损失，工作桥、交通桥面排水是否通畅。

(2) 堤防、护坡是否完好，排水是否通畅，有无雨淋沟、塌陷、缺损等现象。

(3) 翼墙有无损坏、倾斜和裂缝，伸缩缝填料有无流失。

(4) 启闭机有无渗油，外观及罩壳是否完好。钢丝绳排列是否正常，有无明显的变形等异常情况。

(5) 闸门有无振动、漏水现象，闸下流态、水跃形式是否正常。

(6) 电气设备运行状况是否正常，电线、电缆有无破损，开关、按钮、仪表、安全保护装置等动作是否灵活、准确可靠。

(7) 观测设备、管理设备是否完好，使用是否正常。

(8) 通信设施运行状况是否正常。

(9) 拦河设施是否完好,是否有影响水闸安全运行的障碍物。

(10) 管理范围内有无违章建筑和危害工程安全的活动。

(11) 工程环境是否整洁。

(12) 水体是否受到污染等。

第四节 定期检查

定期检查分为汛前检查、汛后检查和水下检查。

一、检查周期

三汊河河口闸各部位及各项设施定期检查的时间为每年汛前(5 月 1 日前)和汛后(9 月 30 日后),此项检查为全面检查。另外,每两年还须对水下工程进行检查。

二、检查要求

(一) 汛前检查

汛前检查一般要求在 3 月底前完成,4 月初将检查报告上报南京市水务局。

汛前检查:着重检查维修养护工程和度汛应急工程完成情况,安全度汛存在问题及措施,防汛准备工作情况,详细检查工程各部位和设施,并对闸门、启闭机、配电设施、备用电源、监控系统等进行检查、测试和试车。对检查中发现的问题提出处理意见,并及时进行处理。对影响安全度汛而确定无法在汛前解决的问题,应制定度汛应急方案。

汛前检查应结合设备保养工作同时进行。

(二) 汛后检查

汛后检查:着重检查工程和设备度汛后的变化和损坏情况,并据此提出养护修理和大修加固项目,编制次年的岁修养护、防汛急办工程计划。汛后检查工作应在10月底前完成。

（三）水下检查

水下检查：着重检查底板、闸墩、护坡、铺盖、翼墙等部位有无损坏；止水、门底预埋件有无损坏，有无块石、树枝等杂物影响闸门启闭；闸底板、闸墩、翼墙、护坡、消力池等部位表面有无裂缝、异常磨损、混凝土剥落、露筋等损坏；消力池内有无砂石等淤积物；海漫、防冲槽有无松动、塌陷等。

水下检查每两年进行一次，由专业队伍承担。

三、定期检查流程

定期检查流程如图2-3～图2-5所示。

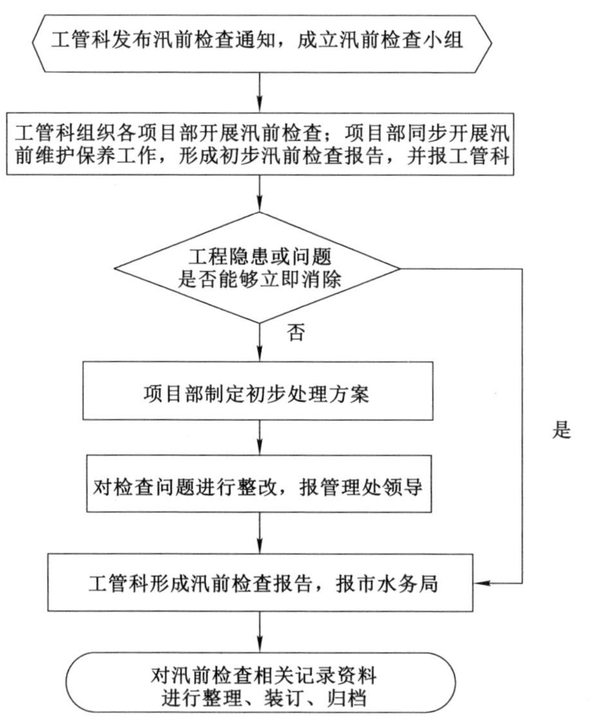

图2-3　三汊河河口闸汛前检查流程

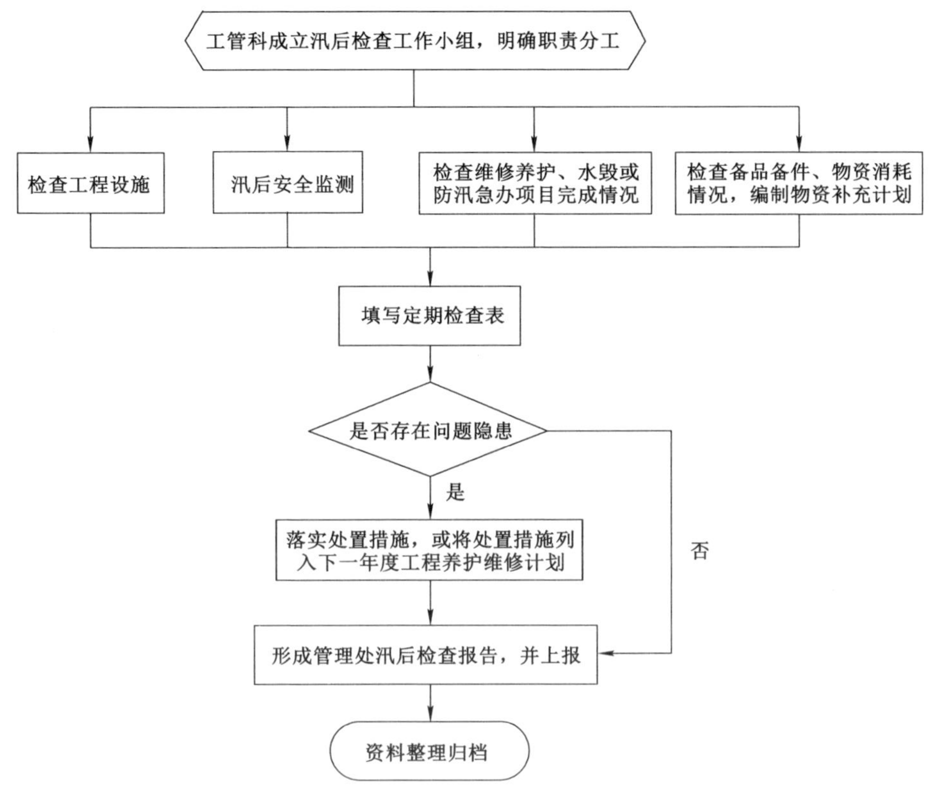

图 2-4　三汊河河口闸汛后检查流程

四、定期检查标准

(1) 检查工作应做到"严、高、细、实、新"，即按照要求严、标准高、检查细、情况实、方法新的要求完成检查工作，且安全无事故。

(2) 按照"谁检查、谁负责"的原则，贯彻落实检查工作责任制。各专业检查组组长是检查的主要负责人，检查组成员对分工检查的内容承担直接责任。

(3) 检查位置应表述清楚、存在问题定性准确、数据定量分析合理。所有问题要分析产生原因，能处理的问题应及时处理；暂时无法解决的问题，要有科学合理的应急方案，并及时上报。

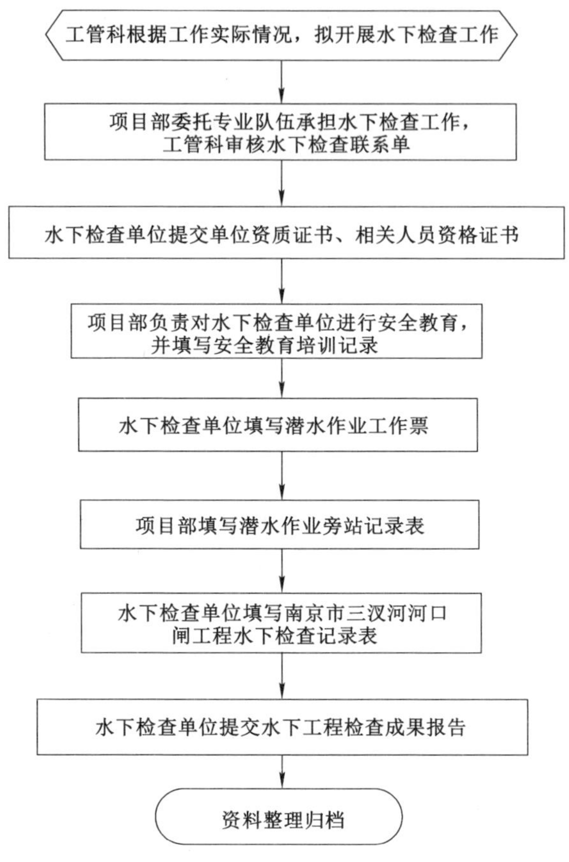

图 2-5　三汊河河口闸水下检查流程

(4) 做好工程设备、设施的保养工作，确保工程设备完好率 100%、随时可投入运行。

(5) 检查工作应积极采用新技术、新材料、新工艺，提高检查质量。

(6) 检查原始记录填写认真，符合存档要求，有检查人员签名。技术负责人应对原始记录进行审核并签名。

(7) 定期检查标准见表 2-2 所列。

表 2-2　定期检查标准

标准项目	标准内容
汛前检查	管理处成立汛前检查工作领导小组；发布汛前检查通知；明确具体的任务内容、时间要求，并落实到具体部门、具体人员
	对闸门、启闭机、电气设备、自动化系统、土石方及混凝土工程等进行全面检查
	汛前检查可结合汛前保养工作同时进行，着重检查维修项目和度汛应急项目完成情况
	对汛前检查中发现的问题应及时进行处理，对影响工程安全度汛而一时又无法在汛前解决的问题，应制定好应急抢险方案
	全面修订防汛抗旱应急预案、反事故预案、现场应急处置预案，同时建立完善的抢险队伍，有针对性地开展预案演练培训
	完成规章制度修订完善和软件资料收集整理，检查增补防汛物资、备品备件等
	对汛前检查情况及存在的问题进行总结，提出初步处理措施，形成汛前检查总结报告，并报南京市水务局
	接受上级汛前专项检查，按要求整改，及时向上级主管部门反馈
汛后检查	管理处成立汛后检查领导小组，发布汛后检查通知，着重检查工程和设备度汛后的变化和损坏情况，一般在10月底前完成
	按期完成批准的维修养护、水毁或防汛急办项目计划
	对检查中发现的问题应及时组织人员修复，或作为下一年度的维修项目上报
	对汛后检查情况及存在的问题进行总结，提出初步处理措施，形成汛后检查总结报告，并报南京市水务局
水下检查	管理处每两年进行一次检查，主要检查闸室底板、闸墩、铺盖、消力池、海漫、防冲槽、伸缩缝等的完好情况，填写南京市三汊河河口闸水下检查记录表和形成南京市三汊河河口闸水下检查报告
电气试验	管理处每年对电气设备、安全用具等进行预防性试验，委托具备资质的检测单位进行电器仪表预试检测、防雷（静电）装置综合检验检测和变电所预防性试验，并出具检测报告
成果资料	管理处填写定期检查记录，及时整理检查资料，编写汛前、汛后检查报告，并按规定上报

五、定期检查内容

（一）土工建筑物

(1) 检查有无雨淋沟、塌陷、裂缝、渗漏、滑坡等情况。

(2) 检查有无白蚁、兽害等情况。

(3) 检查是否平整、坚实，有无杂草和垃圾等情况。

(4) 检查堤闸连接段有无渗漏等情况。

（二）石工建筑物

(1) 检查块石护坡表面有无淤积、杂物等情况。

(2) 检查块石护坡有无塌陷、松动、隆起、底部淘空、垫层散失等情况。

（三）混凝土建筑物

(1) 检查混凝土建筑物有无裂缝、碳化腐蚀、磨损、剥蚀、露筋及钢筋锈蚀等情况。

(2) 检查伸缩缝止水有无损坏、漏水及填充物流失等情况。

(3) 检查护坡、上游护坡、下游消力池、海漫、防冲槽等有无冲刷破坏等情况。

(4) 检查消力池内有无砂石堆积等情况。

(5) 检查上、下游河道有无淤积、冲刷等情况。

（四）护镜门

(1) 检查闸门外表是否整洁，有无砂石、树枝、杂草等杂物，防腐层有无龟裂、粉化、起泡、剥落等现象。

(2) 检查门体面板整体、梁系结构有无明显变形等现象。

(3) 检查二类焊缝有无裂纹，吊耳板有无裂纹或其他影响安全的缺陷。

(4) 检查橡皮止水是否老化，有无卷曲、脱落、凹陷等现象，有无橡皮撕裂、离位现象，橡皮止水间隙、压缩量等是否符合设计要求，漏水量不得超过 0.2 L/(s·m)。

(5) 检查闸门主滚轮、吊耳轴、锁定装置等部件运转是否灵活，不得发生抱死或异常振动及响声。

（6）检查支铰座有无裂纹、锈蚀现象，紧固件有无松动、脱落等现象。

（7）检查支臂杆表面是否清洁，有无变形、锈蚀、裂纹等现象。

（8）检查预埋件有无松动、变形或脱落现象。

（9）检查护镜门不锈钢栏杆是否完好、清洁。

（五）盘香式启闭机

（1）检查启闭机机架及各零部件是否完好，有无裂纹、变形、焊缝开裂及机架位移等现象；各部位的紧固部件有无松动、缺失和损坏等现象；金属结构表面防腐层有无破损、裂纹、粉化等情况。

（2）检查制动器制动是否可靠，松闸时制动轮与两侧闸瓦之间间隙是否符合要求。

（3）检查启闭机转动是否灵活、润滑是否良好、油路是否畅通。油路不通的轴承应打开检查。

（4）检查启闭机有无渗油现象，油位、油质是否正常。

（5）检查钢丝绳有无断丝、磨损、锈蚀、接头不牢、变形等情况。重点检查水下钢丝绳和吊耳部位。

（6）检查电机绝缘以及接地电阻是否符合规范要求。

（7）检查开度仪、荷重仪、行程开关是否准确可靠。

（六）液压启闭机

（1）检查启闭机运行是否平稳，有无卡阻、异常的振动和响声等情况。

（2）检查电动机的绝缘是否合格，设备接地是否符合要求。

（3）检查油泵有无漏油现象，泵体、阀体有无损坏痕迹。

（4）检查油箱油位是否正常，油质是否符合要求，过滤器有无阻塞或变形，箱体锈蚀防腐是否完好。

（5）检查管路、管道接口处有无砂眼、裂纹、渗油、变形、锈蚀等现象。

（6）检查活塞杆有无弯曲、锈蚀、划痕、毛刺等现象。

（7）检查各类阀组是否完好，有无砂眼、裂纹、渗油等现象。

（8）检查压力表、传感器、压力继电器工作是否正常。

(9) 检查设备表面有无油污、积尘等。

(七) 电气设备

1. 变压器

(1) 检查瓷套管有无裂纹、放电痕迹。

(2) 检查电缆头是否完好,有无破损。

(3) 检查高、低压侧引线有无松动。

(4) 检查温度监视器是否完好,运行是否正常。

(5) 检查绝缘检查是否合格。

(6) 检查直流电阻、变压比测试是否合格。

(7) 检查交流耐压试验是否合格。

(8) 检查接地是否良好。

(9) 检查排风扇运行是否正常。

2. 高压开关柜

(1) 检查熔断器有无裂纹、损坏,所配熔芯是否合适。

(2) 检查操作连杆及机械各部分有无损伤、锈蚀、歪斜、松动、脱落等现象。

(3) 检查开关绝缘子有无裂纹、脏污等现象。

(4) 检查刀片及刀嘴有无变形、锈蚀、倾斜、松动、脏污、烧伤痕迹等,灭弧罩是否完好。

(5) 检查弹簧片、弹簧及铜瓣子有无断股、折断等现象。

(6) 将开关合上后,检查触头接触是否良好。

(7) 检查接地是否良好。

3. 低压开关柜

(1) 检查柜体内外及元器件是否清洁、干燥。

(2) 检查框式空气开关手、电动操作是否可靠,柜体机械联锁机构是否可靠。

(3) 检查空气开关与交流接触器分合是否可靠,动静触头接触是否良好，表面有无氧化层或拉毛的痕迹。

(4) 检查互感器表面有无损坏迹象。

(5) 检查线路布置是否整齐，扎线是否紧固，标牌是否清晰。

(6) 检查母排有无放电现象，接头是否紧固，母线接头有无锈蚀现象。

(7) 检查指示灯是否完好、显示是否正常，接线桩头有无松动现象。

(8) 检查仪表是否完好、显示是否正常、校验是否合格。

(9) 检查抽屉开关机械操作是否灵活，联锁机构是否可靠。

(10) 绝缘电阻试验：装置的带电部分和非带电部分与外壳之间，以及电气上无联系的各电路之间，用开路电压500 V的兆欧表测量其绝缘电阻。要求对地和相间绝缘电阻≥0.5 MΩ。

(11) 介质强度试验：正常情况下，装置应能承受频率为50 Hz、历时2 500 V/min的工频耐压试验，无击穿闪烁及元器件损坏等现象。

(12) 检查配电柜接地是否可靠。

4. 柴油发电机组

(1) 蓄电池组的检查。

① 检查蓄电池接线桩头有无氧化现象，电解液应充足。

② 由于备用电源不经常投入使用，电池组易出现问题，应检查电压、电流情况；通过听启动电机内电磁阀吸合的声音，确保其应能带动连轴，否则应予以更换。

(2) 启动系统的检查。

检查时，应运行发电机，运用“一看、二听、三摸、四嗅”的检查方法。启动时注意听，通常只需按下启动按钮，3 s之后，即可启动。在这3 s之内可听到两次“咔嗒”声。一旦听不到第二次声响，就要检查启动电磁阀是否正常工作，检查电磁线圈是否完好。

(3) 柴油、润滑油的检查。

检查油压、油位、油质是否满足设计要求，供油管路是否畅通，有无渗漏现象。由于机组长期处于静态，机组本身各种材料会与机油、冷却水、柴油、空气等发生复杂的化学、物理变化，所以机组易因闲置而损坏。为此，要注意检查柴油油箱的密闭情况，防止大气中的水气因温度的变化发生冷凝现象，而导致结成的水珠挂附在油箱内壁、流入柴油中。水珠流入柴油中易致使柴油含水量超标，进入柴油机高压油泵后会锈蚀精密耦合件——柱塞，从而严重损坏机组。应定期更换发电机润滑油，防止机组工作时因润滑状态恶化而引起发电机机件损坏。

(4) 冷却系统的检查。

风冷系统的风叶风罩应完好，运转无异声。

(5) 配电柜参照3DP照明配电柜定期检查质量标准。

(6) 接地、绝缘电阻的检查。

接地电阻值应≤4 Ω，绝缘电阻值应≥0.5 MΩ。

(7) 仪表的检查。

配电盘仪表显示应正常，仪表定期校验合格。线路整洁、捆扎紧固，桩头紧固。

(8) 应保持机组具备良好的通风散热条件，设备表面清洁。

5. 自动监控系统

(1) 计算机监控系统的检查。

① 检查监控主机的硬件、软件部分运行是否正常，显示器显示是否正常，图像是否清晰。

② 检查光端机、交换机、路由器等网络设备运行状态是否稳定。

③ 检查现场数据采集器、执行器件运行是否正常，有无损坏。

④ 检查光纤、网线、电缆等通信电缆是否畅通，接口有无松动。

⑤ 检查数据备份是否按时，数据是否完整。

⑥ 检查系统安全防护措施是否齐全。

(2) 视频监控系统的检查。

① 检查监控主机的硬件、软件部分运行是否正常，显示器显示是否正常，图像是否清晰。

② 检查监视器、控制键盘运行是否正常，有无损坏。

③ 检查摄像机表面是否清洁，图像质量是否清晰。

④ 检查是否能实现矩阵切换、旋转、聚焦、变倍等功能。

⑤ 检查光纤、网线、电缆等通信电缆是否畅通，接口有无松动。

(3) PLC 柜的检查。

① 检查指示灯有无缺失，是否指示正确，按钮操作是否灵活。

② 检查触摸屏显示是否正常，界面有无报警信息。

③ 检查遥测量显示是否正常。

④ 检查电源模块、CPU、I/O 模块工作是否正常(通过模块指示灯判别)。

⑤ 检查中间继电器触头表面是否清洁，有无氧化发热现象，运行部分有无卡阻。

⑥ 检查柜内照明和柜顶风扇工作是否正常。

⑦ 检查柜体内外及元器件等是否清洁、干燥。

⑧ 检查线路是否整齐，扎线是否紧固，电缆头标牌是否完好。

⑨ 绝缘电阻试验：装置的带电部分和非带电部分与外壳之间，以及电气上无联系的各电路之间，用开路电压 500 V 的兆欧表测量其绝缘电阻。要求对地和相间绝缘电阻≥0.5 MΩ。

⑩ 介质强度试验：正常情况下，装置应能承受频率为 50 Hz、历时 2 500 V/min 的工频耐压试验，无击穿闪烁及元器件损坏等现象。

⑪ 检查 PLC 柜接地是否可靠。

(4) UPS 柜的检查。

① 检查指示灯是否完好、显示是否正常。

② 检查 UPS 设备间温湿度情况(可根据房间温湿度表检测)。

③ 检查 UPS 工作是否正常，有无异常声响和异味。

④ 检查排风扇散热是否通畅。

⑤ 检查蓄电池表面是否清洁，有无漏液，端子有无氧化现象。

⑥ 绝缘电阻试验：装置的带电部分和非带电部分与外壳之间，以及电气上无联系的各电路之间，用开路电压 500 V 的兆欧表测量其绝缘电阻。要求对地和相间绝缘电阻≥0.5 MΩ。

⑦ 介质强度试验：正常情况下，装置应能承受频率为 50 Hz、历时 2 500 V/min 的工频耐压试验，无击穿闪烁及元器件损坏等现象。

⑧ 检查 UPS 柜接地是否可靠。

第五节　专项检查

一、检查要求

专项检查无固定周期，当发生地震、风暴潮、台风或其他自然灾害导致水闸超过设计标准运行，或发生重大工程事故后，都应进行专项特别检查。专项检查应着重检查建筑物、设备和设施的变化和损坏情况。

专项检查工作要精心组织，建立专门的组织机构，落实工作职责，分工明确。检查内容要全面，数据要准确。若发现安全隐患或故障，应在检查后汇总发生问题的地点、具体位置、危害程度等详细信息。对检查发现的安全隐患或故障，应及时安排抢修。对影响工程安全运行但一时无法解决的问题，应制定好应急抢险方案。

检查后，技术人员按照定期检查表格式填写专项检查表，将检查结果形成检查报告，并上报南京市水务局。

二、检查标准

专项检查标准见表 2-3 所列。

表 2-3　专项检查标准

标准项目	标准内容
检查条件	当遭受地震、风暴潮、台风或其他自然灾害导致水闸超标准运行，或发生重大工程事故后，管理处应及时组织对工程进行专项检查

表2-3(续)

标准项目	标准内容
检查内容	管理处成立专项检查工作领导小组，检查内容根据所遭受灾害或事故的特点来确定，着重检查建筑物、设备和设施的变化和损坏情况，填写南京市三汊河河口闸工程特别检查记录表
	对重点部位进行专门检查、检测或安全鉴定
问题处理	管理处对检查发现的问题进行分析，制订修复方案和计划，并上报南京市水务局
成果资料	管理处形成专项检查报告，行文上报南京市水务局

三、检查流程

专项检查流程如图 2-6 所示。

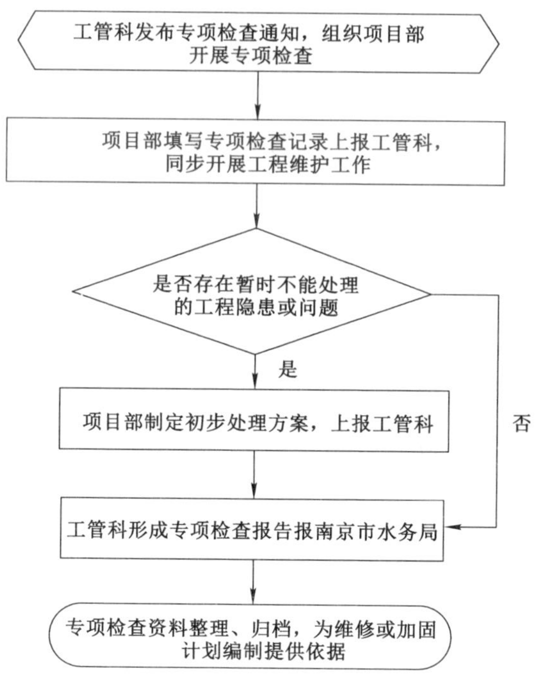

图 2-6　三汊河河口闸专项检查流程

第六节　设备评级

一、评级周期

（1）设备评级周期为两年，结合定期检查进行。

（2）设备大修时，应结合大修进行全面评级；非大修年份应结合设备运行状况和维护保养情况进行相应的评级。

（3）设备更新后，应及时进行评级。

（4）设备发生重大故障、事故后经修理投入运行的，次年应进行评级。

二、评级单元、单项设备、单位工程的划分

（一）评级单元的划分

（1）评级单元是指独立项目，如操作规程、值班记录、闸门及机械设备可分解的部件（如闸门的门叶、启闭机的电机等）。

（2）大闸门可划分为检修规程及检修记录、润滑要求、防腐蚀要求、设备运行状况、门体状况、行走支承装置、止水装置、锁定装置、闸门埋设件、安全防护、工作场所、环境保护等。

（3）液压小门可划分为检修规程及检修记录、防腐蚀要求、设备运行状况、门体状况、行走支承装置、止水装置、工作场所、环境保护等。

（4）盘香式启闭机可划分为操作规程及值班记录、检修规程及检修记录、设备运行状况、操作系统、指示系统及信号装置、润滑要求、电机、制动器、传动系统、启闭机构、机架、防腐蚀要求、安全防护、工作场所、环境保护等。

（5）液压启闭机可划分为操作规程及值班记录、检修规程及检修记录、设备运行状况、操作系统、指示系统及信号装置、电机、启闭机构、防腐蚀要求、安全防护、工作场所、环境保护等。

(6)变压器可划分为变压器主体、分接开关、高低压桩头、接地、温控仪、指示信号装置、安全防护等。

(7)柴油发电机组可划分为电气及仪表、柴油机、蓄电池、发电机、安全防护等。

(8)配电控制柜可划分为柜体、闸刀、开关、互感器、熔断器、仪表及指示灯、二次线路、安全防护等。

(二)单项设备的划分

单项设备是指由部件组成并且有一定功能的结构或机械。三汊河河口闸单项设备包括大闸门、液压小门、盘香式启闭机、液压启闭机、变压器、配电控制柜、柴油发电机组。

(三)单位工程的划分

单位工程是指以单元建筑物划分的金属结构、机械设备及电气设备。

三、评级范围

评级范围包括三汊河河口闸闸门、启闭机和电气设备。单项工程及设备情况具体见表2-4所列。

表2-4　单项工程及设备情况

单位工程名称	单项设备名称	规格	数量
闸门	护镜门	护镜门	2
	液压小门	拱形滑动闸门	12
启闭机	盘香式启闭机	盘香式 2×1 500 kN	4
	液压启闭机	QPPYD-200/50-1250	12

表2-4(续)

单位工程名称	单项设备名称	规格	数量
电气设备	干式变压器	SC9-400/100	1
	柴油发电机组	S-260GFZ	1
	高压环网柜	HXGN-10	1
	低压进线柜	MNS	3
	电容柜	MNS	1
	低压照明柜	MNS	1
	低压动力柜	MNS	3
	变频控制柜	PY-HKZBP	4
	PLC 控制柜	PY-HKZPLC	2
	LCU 控制柜	SD200	3

四、设备评级标准

设备评级标准见表 2-5 所列。

表 2-5 设备评级标准

标准项目	标准内容
评级时间	设备评级周期为两年,可结合定期检查进行
	设备大修时,应结合大修进行全面评级;非大修年份应结合设备运行状况和维护保养情况进行相应的评级
	设备更新后,应及时进行评级
	设备发生重大故障、事故后经修理投入运行的,次年应进行评级
	投入运行不满 3 年或正在进行更新改造的工程,不进行设备评级
单元划分	评级工作按照评级单元、单项设备、单位工程逐级评定

表2-5(续)

标准项目	标准内容
评级单元	评级单元是指独立项目,如操作规程、值班记录、闸门及机械设备可分解的部件(如闸门的门叶、启闭机的电机等)。一类单元:主要项目的80%(含)以上符合评级单元标准规定,其余项目基本符合规定;二类单元:主要项目的70%(含)以上符合评级单元标准规定,其余项目基本符合规定;三类单元:达不到二类单元者为三类单元
单项设备	单项设备是指由部件组成并且有一定功能的结构或机械。闸门划分为护镜门2扇、液压小门12扇,共14个单项设备;启闭机划分为盘香式启闭机4台、液压启闭机12台,共16个单项设备;电气设备划分为干式变压器1台、柴油发电机组1台、高压环网柜1台、低压进线柜3台、电容柜1台、低压动力柜3台、低压照明柜1台、变频控制柜4台、PLC控制柜2台、LCU控制柜3台,共20个单项设备
单位工程	单位工程是指以单元建筑物划分的金属结构、机械设备及电气设备。三汊河河口闸工程划分为闸门、启闭机、电气设备共3个单位工程
问题处理	单项设备被评为三类设备的,应及时整改;单位工程被评为三类单位工程的,管理处应向南京市水务局申请安全鉴定,并落实处置措施
成果认定	管理处编制评级报告,形成评级成果,并报南京市水务局认定

五、设备评级工作流程

工程设备评级流程一般包括:成立工作小组、制定方案、管理处评定,报南京市水务局认定、批复,对工程缺陷提出处置意见,进行工作总结、资料整理归档等。

设备评级流程如图2-7所示。

六、评级标准

评级标准分为一、二、三类。

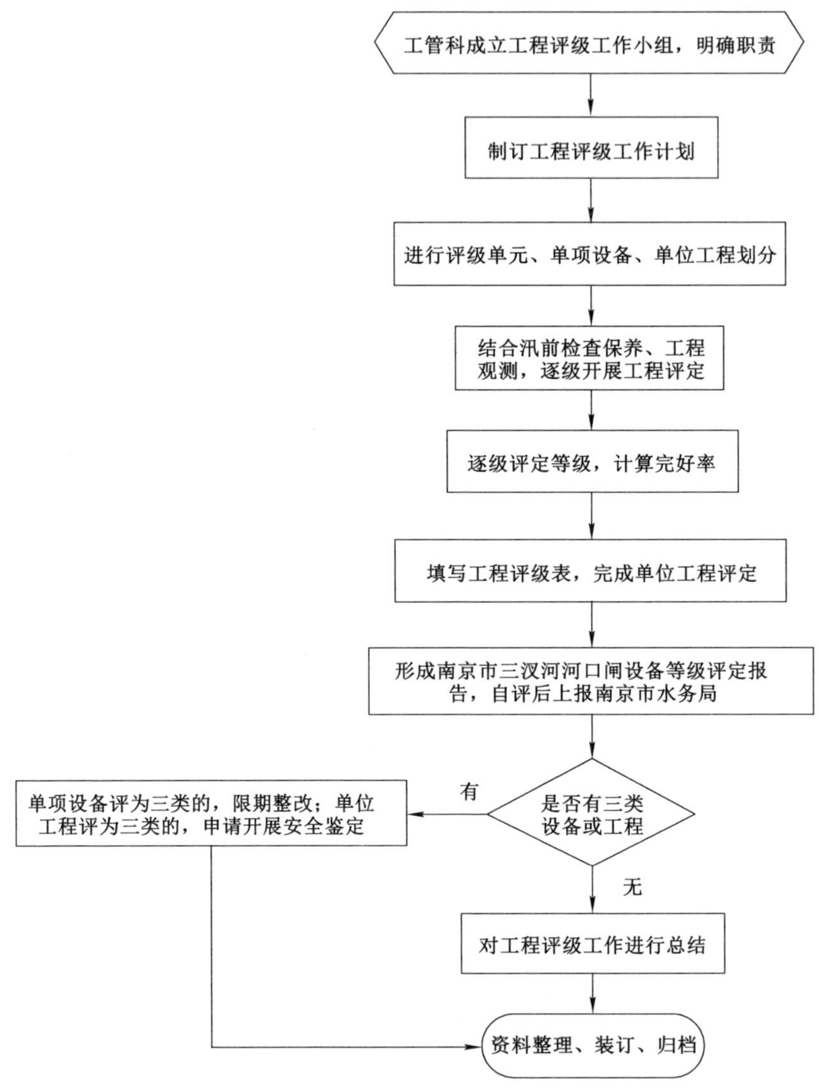

图 2-7　设备评级流程

（一）评级单元

(1) 一类单元:主要项目的 80%(含)以上符合评级单元标准规定,其余项目基本符合规定。

(2) 二类单元:主要项目的 70%(含)以上符合评级单元标准规定,其余项目基本符合规定。

(3) 三类单元：达不到二类单元者为三类单元。

（二）单项设备评定

(1) 一类设备：结构完整，技术状态良好，能保证安全运行，所有评级单元均为一类单元。

(2) 二类设备：结构基本完整，局部有轻度缺陷，可在短期内修复，技术状态基本完好，不影响安全运行，所有评级单元均为一、二类单元。

(3) 三类设备：达不到二类设备者为三类设备。

（三）单位工程评定

(1) 一类单位工程：单位工程中单项设备的70%(含)以上被评为一类设备，其余均为二类设备。

(2) 二类单位工程：单位工程中单项设备的70%(含)以上被评为一、二类设备。

(3) 三类单位工程：达不到二类单位工程者为三类单位工程。

（四）完好设备评定

被评为一、二类的单项设备均称为完好设备。完好设备数量与参评设备的总数量之比称为设备完好率。

$$设备完好率=\frac{一、二类设备数}{参评设备总数}\times 100\%$$

（五）闸门单元评级标准

1. 检修规程及检修记录

(1) 必须制定检修规程并认真执行，仔细填写检修记录。

(2) 检修规程必须对以下内容作出明确规定：小修（岁修）及大修的项目和周期、检修技术标准、检修组织设计（施工措施或施工计划）、验收和质量评定办法等。

(3) 检修记录应包括以下内容：检修前的检测记录、检修实施记录、安装调试记录、竣工验收记录、有关文件及图纸等。

（4）检修记录必须归档。

2. 润滑要求

（1）闸门上所有的转动轴、转动轮、转动铰等需要润滑的部位，应按期加注润滑油脂，保证部件运转灵活、无异常声响。

（2）润滑设备及其零件应齐全、完好。

（3）油路系统应畅通无阻。

（4）润滑油脂选择合理，油质合格。

3. 防腐蚀要求

（1）外表单个锈蚀面积不得超过 8.0 cm^2，锈蚀面积之和不得大于防腐面积的 1%。

（2）不得出现锈蚀深度达到构件厚度 15%的进行性锈坑。

（3）应制定行之有效的防腐措施。一般情况下，涂料涂层的防护期应达到 6～8 年，防护期下限适用于海水、上限适用于淡水。

（4）闸门附属设施的防腐措施与闸门要求相同。

（5）闸门埋设件的外露表面必须做防腐处理。

（6）闸门槽附近的扶梯、栏杆、盖板等部位的防腐状况应良好。

4. 设备运行状况

（1）闸门运行应平稳，操作必须准确、安全、可靠。

（2）闸门在启闭过程中应无卡阻、跳动、异常响声和异常振动等现象。

5. 门体状况

（1）门叶结构无明显变形。

（2）梁系局部无明显变形。

（3）弧形闸门支臂的各杆件无局部变形。

（4）弧形闸门支臂不得有整体扭曲变形。

（5）吊耳板在大修时必须进行探伤检查，应无任何裂纹或其他缺陷。

（6）所有紧固件不得松动、缺件。

（7）全部焊缝应无开裂、漏焊等肉限可见的缺陷。

6. 行走支承装置

(1) 支铰转动应灵活可靠。

(2) 支铰轴及轴承不得有裂纹、锈痕。

(3) 紧固件不得松动、脱落。

7. 止水装置

(1) 止水装置应严密。经运行后漏水量不得超过 0.15 L/(s·m)。

(2) 止水装置应连续、完整,无卷曲、脱落、凹陷、撕裂等破损情况。

(3) 止水橡皮弹性好,表面无老化现象。

(4) 压板无变形、隆起等。

(5) 压板螺栓、螺母齐全。

8. 锁定装置

(1) 锁定装置必须安全可靠,操作方便,动作灵活。

(2) 闸门两侧锁定装置必须受力均匀。

9. 闸门槽及埋设件

(1) 闸门槽及底板处不得有石块、沉木、漂木或树枝等杂物。

(2) 主轨、水封座板不得出现大于 1 mm 的啃轨痕迹。

(3) 闸门槽内的轨道、护板、底坎、钢衬砌等不得出现超过 2 mm 深的气蚀坑等。

(4) 副轨、侧轨、反轨等导向轨道工作表面应清洁、平整。

(5) 埋设件与混凝土之间不得渗水。

(6) 一期与二期混凝土之间不得渗水。

10. 安全防护

(1) 闸门槽上部盖板应完整齐全,经常铺盖于闸槽上,并应平整,便于行走通过。无条件设盖板处应设防护栏杆。

(2) 通往闸门下部的爬梯应符合标准,并设有保护圈。

11. 工作场所

(1) 闸门外观整洁,梁格及门顶无积水,且无砂石、树枝、杂草等污物。

(2) 支臂、杆件及支铰处不得有杂物或垃圾。

(3) 闸门及其附件均应在指定地点排列整齐存放。

(4) 闸门、检修平台及门槽附近不得有明显的油污等痕迹。

12. 环境保护

(1) 不得随意抛撒废弃油料及污物。

(2) 管理范围内应做好绿化工作，使环境美化。

(六) 启闭机单元评级标准

1. 操作规程及值班记录

(1) 必须制定操作规程并认真执行，仔细填写值班记录。

(2) 操作规程必须包括以下主要内容：操作人员应了解设备的主要技术特性、工作原理、使用条件等；明确规定操作人员必须持证上岗；操作前必须检查的项目；开机前必须做的准备工作；操作程序；操作中应注意的事项；故障、事故处理及应急措施；安全措施等。

(3) 值班记录必须是原始记录，内容应详尽。

(4) 值班记录必须包括以下内容：操作运行情况，维护保养情况，异常现象、故障事故处理情况，交接班情况，其他情况。

(5) 值班记录必须归档。

2. 检修规程及检修记录

(1) 必须制定检修规程并认真执行，仔细填写检修记录。

(2) 检修规程应对以下内容作出明确规定：小修(岁修)及大修的项目和周期、检修技术标准、检修组织设计(施工措施或施工计划)、验收和质量评定办法等。

(3) 检修记录应包括以下内容：检修前的检测记录、检修实施记录、安装调试记录、竣工验收记录、有关文件及图纸等。

(4) 检修记录必须归档。

3. 设备运行状况

(1) 启闭机必须达到规定的额定能力。

(2) 设备必须保持完好,并能随时投入运行。

(3) 必须按调度指令启闭闸门,且应做到及时、准确、安全。

(4) 操作人员不少于两人，一人操作,一人监护。

(5) 应配置可靠的通信设施。

4. 操作系统

(1) 必须有可靠的供电电源和备用电源。

(2) 电气线路布线应整齐，连接应牢靠。

(3) 线路不得有破损、受潮、老化等异常现象,绝缘电阻值应符合规定。

(4) 各种电气开关、继电保护元件应定期校验,损坏的设备要及时更换。

(5) 空气开关、控制器、继电器、操作按钮、限位开关等的使用应符合规定要求。

(6) 电气设备中的各种保护装置工作必须可靠,其整定值应符合规定。

5. 指示系统及信号装置

(1) 各种表计均应按规定装设,保证指示正确,并定期校验。

(2) 各种信号指示应完好无缺,并能按要求反应和显示。

6. 润滑要求

(1) 凡需注油润滑的部位均应按规定要求注油。

(2) 所用润滑油的油质、油量应符合规定。

(3) 油封密封性应良好、不漏油,机旁无油污痕迹。

(4) 开式齿轮应涂敷润滑油脂。

(5) 润滑设施及其零件应齐全、完好。

(6) 油路系统管路应畅通无阻。

7. 电机

(1) 电机的铭牌应清晰,功率应符合设计要求,并能随时投入运行。

(2) 电机运行电流不得超过额定电流。

(3) 电机温升和轴承温度应符合铭牌要求。

(4) 电机运转过程中,不得有异常噪声或振动。

(5) 电机的绝缘电阻应符合《起重机械安全规程》(GB 6067—2010)中的有关规定。

(6) 电机外壳接地应牢固可靠,接地电阻值应符合《起重机械安全规程》(GB 6067—2010)中的有关规定。

8. 制动器

(1) 制动器工作应准确可靠、动作灵活。

(2) 制动轮表面不得有划痕、裂纹等缺陷。

(3) 在摩擦材料磨损后,制动器的闸瓦离表面距离仍不得小于 1 mm。

(4) 制动器的闸瓦或制动带周围不得有油漆、油污和水等。

(5) 制动器闸瓦的退程应按设备的规定要求调整使用。

(6) 制动器上的主弹簧应满足工作长度要求。

(7) 制动器上所有的轴销、螺钉、弹簧等均应完好。

(8) 电磁铁在通电时应无杂音,温度应低于规定值。

9. 传动系统

(1) 传动轴不得有裂纹、斑坑或锈蚀。

(2) 传动轴的直线度不得超过标准规定值。

(3) 滚动轴承转动时不得出现振动、冲击或异常噪声。

(4) 轴承工作温度不得超过标准规定。

(5) 弹性联轴节的弹性圈不得出现老化、破损等现象,与轴销的装配应紧密。螺纹连接件的防松装置应可靠、有效。

(6) 齿轮联轴节内、外套不得有裂纹。

(7) 联轴节连接的两轴同轴度应符合规定。

(8) 减速器内应经常保持正常油位,油质应符合规定。

(9) 减速器油封应良好,不得渗漏油液。

(10) 齿轮应啮合良好、转动平稳,无冲击声或异常噪声。

(11) 开式齿轮齿面应润滑良好,无严重磨损和锈蚀。

10. 盘香式启闭机

(1) 卷筒表面、幅板、轮缘、轮毂不得有裂纹或明显的伤损。

(2) 卷筒轴、轴承、轴承体安装定位应准确，转动应灵活。

(3) 钢丝绳在卷筒上应固定牢靠；压板、螺栓应齐全，固定应有效。

(4) 卷筒上预绕圈应符合规定。

(5) 用钢丝绳夹头夹紧钢丝绳时，夹头数量及距离应符合规定。

(6) 应定期对钢丝绳进行检查和保养，使其有足够的润滑度，并对其采用合理的防腐措施。

(7) 必须按《起重机械用钢丝绳检验和报废实用规范》(GB/T 5972—2006)的规定使用钢丝绳。

11. 液压启闭机

(1) 缸体、端盖、活塞杆、支承凸缘、轴套等零件不得有损伤或裂纹。

(2) 液压缸应按设计和安装工艺要求装配，保证活塞杆正确运行。

(3) 液压缸的密封垫片和油管接头、阀件、油箱、管路均不得渗漏。

(4) 油泵出油量及压力应达到额定值，运行应平稳，无异常噪音或振动。

(5) 液压油的油质和油量应按规定使用。

(6) 液压油应定期进行过滤及化验。

(7) 液压阀动作应灵活准确、安全可靠。

(8) 液压管路及其附件应按规定涂刷不同颜色的油漆标记。

(9) 压力表计应反映灵敏、指示准确，并应定期对其进行校验。

12. 机架

(1) 机架不得有明显变形或损伤。

(2) 机架的焊缝不得有裂纹。

(3) 机架的结构件连接应牢固可靠，高强度螺栓的紧固程度应达到设计要求值。

13. 防腐蚀要求

(1) 非摩擦表面应进行防腐处理，涂层应保持光滑、完整。

(2) 涂层应均匀，整机涂料颜色应协调美观。

14. 安全防护

(1) 启闭机室与工作桥应安装有效设施，以保证其同外界隔离。

(2) 启闭机室或启闭工作桥及其附近不得堆放易燃、易爆物品。

(3) 启闭机室或启闭工作桥应放置消防用具、器材,并定期进行消防检查。

(4) 凡裸露的电气元件、导线等,应按规定加设防护装置。

七、设备评级结果处理

(1) 管理处应将设备评级结果上报南京市水务局。

(2) 单项设备被评为三类设备的,应及时整改;单位工程被评为三类单位工程的,应向南京市水务局申请安全鉴定,并落实处置措施。

第三章　工程观测作业指导书

第一节　观测项目及时间

按照南京市水利局《关于下达市三汊河河口闸工程观测任务书的通知》(宁水管〔2014〕237 号)文件要求,河口闸工程目前开展的常规测量项目有一般性观测和自动化观测。其中,一般性观测包括垂直位移、水平位移和河床断面。见表 3-1 所列。

表 3-1　南京市三汊河河口闸管理处工程观测任务书

工程名称:三汊河河口闸(含堤防)　　　　管理单位:南京市三汊河河口闸管理处

工程概况	外秦淮河三汊河河口闸位于江苏省南京市秦淮河东支流三汊河口入长江处。上游距新三汊河大桥约 200m,下游距河口约 250 m。三汊河河口闸工程为Ⅱ等 2 级水工建筑物。闸门为双孔护镜门,半圆形三铰拱钢结构。闸门由卷扬式启闭机启闭,启闭机房位于闸墩顶部的排架上。闸室分两孔,相应闸底板分为两块,闸门单孔净宽为 40.00 m,中墩厚为 4.00 m,边墩厚为 4.50 m,闸室垂直水流方向总宽度为 97.00 m,顺水流方向长度为 37.00 m。闸墩高为 6.50 m,顶高程为 7.50 m。闸底槛高程为 1.00 m。三汊河河口闸闸上渐变段总长度为 50.00 m,包括长度为 30.00 m 的素混凝土护底和长度为 20.00 m 的混凝土护坡。下游渐变段长度为 92.00 m,包括长度为 20.00 m 的混凝土消力池、长度为 60.00 m 的素混凝土护底和长度为 12.00 m 的抛石防冲槽。闸址区主要位于土层深度约为 43 m 的淤泥质粉质黏土层,地基处理的方式为:闸墩部位基础布设有灌注桩,直径为 1.00 m,桩长为 54.00 m,桩底高程为 −55.50 m。上下游连接段及闸室底板基础布设有深层混凝土搅拌桩,闸室底板外河侧及左右岸两侧的基础均布设有防渗搅拌桩

表 3-1(续)

观测项目		观测时间与测次	观测方法与精度	观测成果要求
一般性观测	垂直位移	工作基点考证:每 5 年一次;埋设新点时按规程要求进行。垂直位移观测:汛前、汛后各一次	采用光学测微法单线路往返观测,闸身以二等水准进行观测,允许闭合差 $\pm 0.5\sqrt{n}$ mm,堤防以四等水准进行观测,允许闭合差 $\pm 2.8\sqrt{n}$ mm	垂直位移观测标点布置示意图; 垂直位移观测线路示意图; 垂直位移观测成果表; 垂直位移工作基点高程考证表; 垂直位移量变化统计表(每 5 年一次); 垂直位移量横断面分布图; 垂直位移过程线(每 5 年一次)
	水平位移	工作基点考证:每 5 年一次;埋设新点时按规程要求进行。底板水平位移观测:汛前、汛后各一次	全站仪坐标法观测,采用全圆测回法,取 4 个测回,误差小于 2 mm 取其平均值	底板水平位移标点布置示意图; 底板水平位移观测成果表; 底板水平位移分布图; 底板水平位移过程线
	河道断面	断面桩桩顶高程考证:每 5 年一次;埋水深测量,测量深度误差小于 0.1 m		河道断面桩布置示意图; 河道断面桩顶高程考证表; 河道断面冲淤量比较表; 河道断面测量成果表; 河道断面比较图
自动化观测	闸室底板扬压力; 闸室底板基底土压力; 灌注桩桩顶压应力; 闸室底板钢筋应力; 闸墩支铰处钢筋应力; 底板不均匀沉降; 底板伸缩缝开合度	自动观测,每日一次	监测自动化系统自动采集、数据传输、数据存储和数据管理	安全监测自动化系统测点布置图; 安全监测成果表; 变化过程线

表 3-1(续)

观测项目	观测时间与测次	观测方法与精度	观测成果要求
其他			观测工作说明； 工程运用情况统计表； 水位统计表； 工程大事记； 观测成果初步分析
备注说明	工程观测资料成果经上级主管部门考核评审合格，并根据评审意见进行完善整理后，按资料整编要求装订成册存档		

工作基点：管理处共设变形观测工作基点 6 个。其中，E001、E002、E005、E006 为垂直位移观测工作基点；E003、E004 原为垂直、水平位移共用点，现为水平位移观测控制点；E005 为 2015 年埋设的混凝土深桩基点，目前为汛前、汛后垂直位移观测的高程引据点；在 2014 年 10 月的控制点校核中，原古林公园引据点因受地铁施工等影响被弃用，改用绣球公园内的南京基 1 点为引据点。测量引据点变化后，工作基点高程均有 30 mm 左右的变化，根据专家意见，以 2014 年 11 月的高程测量成果作为三汊河河口闸工程变形观测分析新的基础数据。

垂直位移：闸墩顶部共设 10 个垂直位移测点，编号为 1-1～1-6、2-1～2-4。翼墙顶部共设 12 个垂直位移测点，编号为上左翼 1-1、1-2，下左翼 1-1、1-2；上右翼 1-1、1-2，下右翼 1-1～1-6。在引河堤防左右岸布设 12 个观测断面及 42 个沉陷点，用于监测堤防的垂直位移情况。闸底板垂直位移观测标点及观测路线如图 3-1 所示。

闸室水平位移：在闸室外河侧每个闸墩顶部各布设一个水平位移测点，共设 4 个水平位移测点，编号为 SP1～SP4。如图 3-2 所示。

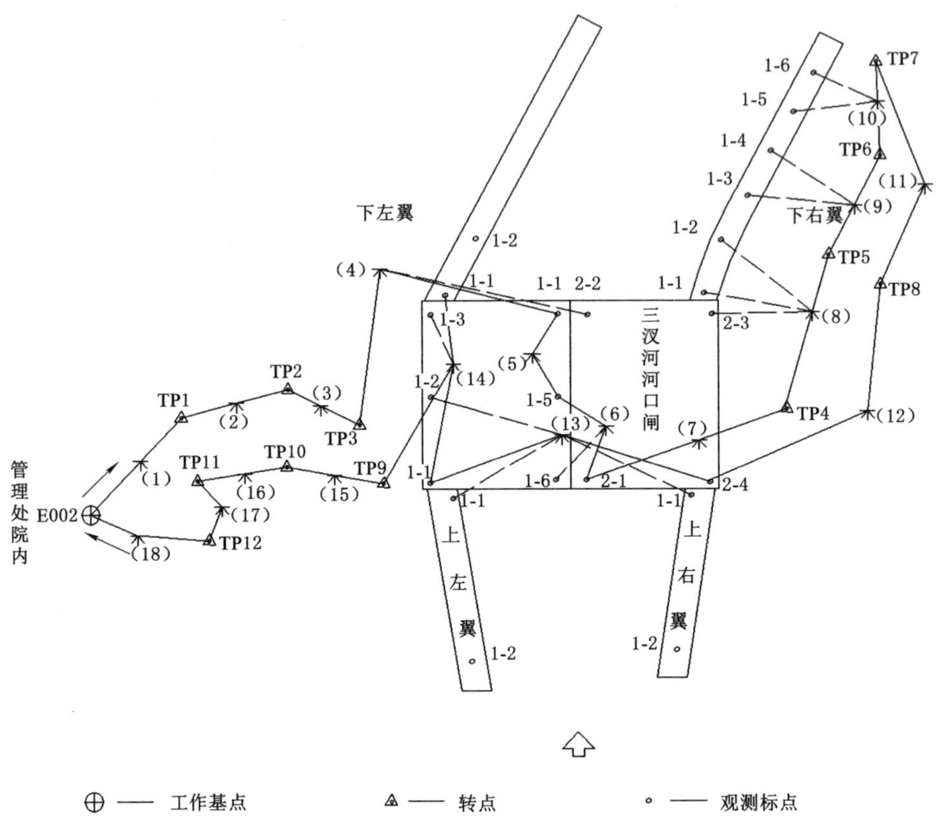

图 3-1　三汊河河口闸底板垂直位移观测标点及观测线路示意

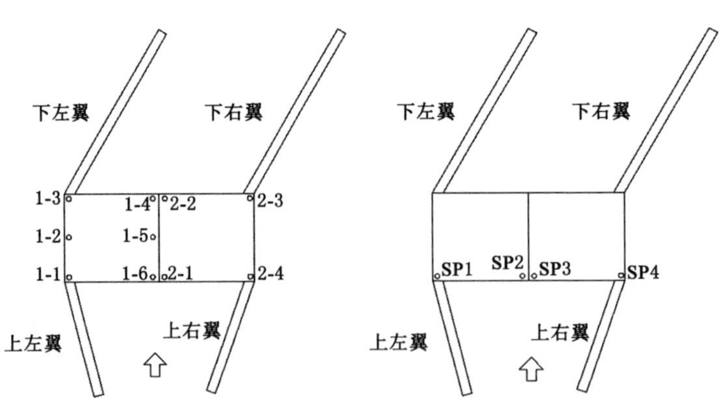

图 3-2　三汊河河口闸闸室垂直位移和水平位移观测标点布置示意

第二节　观测任务的组织

根据江苏省《水利工程观测规程》(DB32/T 1713—2011)，工作基点埋设使用后5年内，应每年与国家水准点校测两次；第6年至10年，应每年与国家水准点校测一次。管理处一般委托第三方进行基点校核工作。

每年汛前、汛后，管理处一般安排闸主体养护单位对照观测任务书的要求，进行观测。

观测外业结束后由管理处及养护单位共同对观测资料进行整编分析工作，由工管科负责将汇编成果报上级主管部门审查。

监视水闸工程运行和安全状况，掌握工程状态变化，及时发现异常现象，分析原因，采取措施，为正确管理提供科学依据。工程观测标准见表3-2所列。

表3-2　工程观测标准

标准项目	标准内容
观测任务及组织实施	管理处按照规范和南京市水务局下达的观测任务书要求，结合三汊河河口闸工程实际，开展工程观测
	保持观测工作的系统性和连续性，按照规定的项目、测次和时间在现场进行观测。应做到随观测、随记录、随计算、随校核，无缺测、无漏测、无不符合精度、无违时，测次固定和时间固定，人员和设备宜固定
垂直位移	垂直位移观测符合三等测量要求
	每年汛前、汛后各观测一次
水平位移	每年汛前、汛后各观测一次

表2-2(续)

标准项目	标准内容
河道断面	每年汛前、汛后各观测一次;遇工程接近设计流量运用、冲刷或淤积严重且未处理等情况,应增加测次
	地形发生显著变化后应及时观测;从 2018 年起,每年增加水下地形观测
	断面桩桩顶高程每 5 年考证一次,按四等水准测量的要求进行观测,如发现断面桩缺损,应及时补设并进行观测
自动化观测	观测项目包括闸室底板扬压力、闸室底板基底土压力、灌注桩桩顶压应力、闸室底板钢筋应力、闸门支铰处钢筋应力、底板不均匀沉降、底板伸缩缝开合度等
	自动化观测数据每天自动采集一次
资料整理与汇编	每次观测结束后,应及时对记录资料进行计算和整理,并对观测成果进行初步分析,如发现观测精度不符合要求,应重测;如发现数据异常,应立即进行复测并分析原因
	管理处资料整编每年进行一次,编写观测分析报告并报南京市水务局审查

工程观测流程一般包括观测任务书编制和批复、开展各类观测工作、资料计算整理、观测成果分析、成果上报南京市水务局、资料整编、资料审查、资料装订归档等,如图 3-3 所示。

管理处对观测任务书提出初步意见
管理处工管科将观测任务书报
南京市水务局审批
工管科组织项目部按照观测任务
书要求开展观测工作
垂直位移观测
水平位移观测
河道断面观测
自动化观测
对现场记录资料
进行计算整理
观测精度是否
符合规范要求
否
查明原因，
重测或复测
是
对观测成果进行初步分析
项目部将观测成果报送工管科
管理处组织年度观测资料整理
接受南京市水务局组织的观测资料审查
装订归档

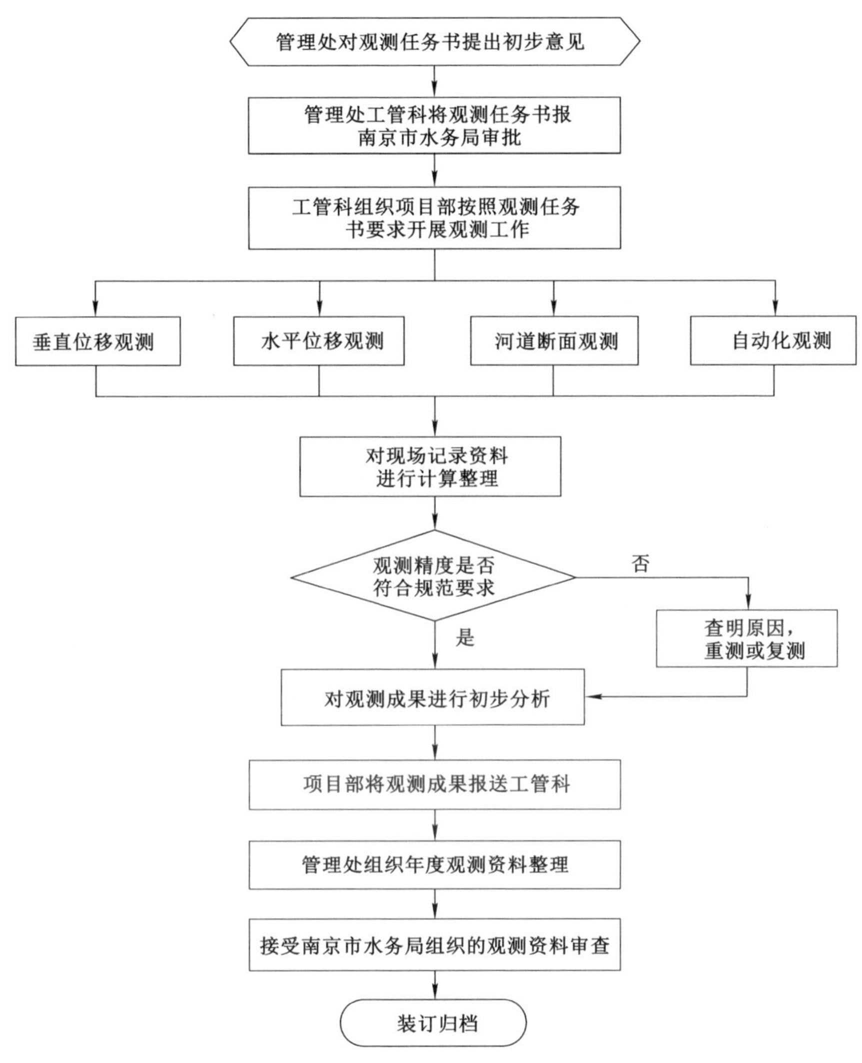

图 3-3　观测工作流程

第三节　垂直位移观测

一、一般要求

(1) 闸身以二等水准进行观测(从 2013 年开始),允许闭合差按 $\pm 0.5\sqrt{n}$(n 为测站数)mm 控制。

(2) 堤防以四等水准进行观测,允许闭合差按 $\pm 2.8\sqrt{n}$(n 为测站数)mm 控制。

(3) 观测中严格按《水利工程观测规程》(DB32/T 1713—2011)要求操作,做到“四随”“四固定”。

(4) 观测等级及限差、观测仪器和标尺、观测视线长度、前后视距差及视线高度;观测限差均符合《水利工程观测规程》(DB32/T 1713—2011)相应观测等级要求。

(5) 闸室闸墩顶部共设 10 个垂直位移测点,编号为 1-1～1-6、2-1～2-4。翼墙顶部共设 12 个垂直位移测点,编号为上左翼 1-1～1-2、下左翼 1-1～1-2;上右翼 1-1～1-2、下右翼 1-1～1-6。

(6) 河口闸工程垂直位移观测目前使用的测量仪器为 Dini03,仪器每年定期送至计量测试所进行检定。

二、观测工作准备

(1) 检查工作基点及观测标点的现状,对被杂物掩盖的标点及时进行清理,对缺少或破损的标点及时重新埋设,重新埋设的标点 15 天后方可进行观测,观测标点编号示意牌应清晰明确。

(2) 观测设施必须定期检查,确保其性能良好。观测用电子水准仪应在检测有效期内,相关检测资料应齐全。

(3) 组建观测队伍。观测队伍应配有观测 1 人、扶尺 2 人、量距 2 人;观测人员需固定，不得中途更换人员。

（4）确定观测线路。工程观测前，应进行垂直位移观测线路的检查，确定原观测线路上无遮挡物。一般情况下，尽量保持观测线路不变。若因现场特殊状况导致原线路无法观测的，应重新绘制观测线路图。线路图中应标明工作基点、垂直位移标点、测站和转点设置，以及观测线路和前进方向。底板垂直位移观测标点及观测线路如图 3-1 所示。

（5）i 角检验。按照《水利工程观测规程》（DB32/T 1713—2011）的要求，每次仪器外业工作前，应当先进行 i 角校验，并填写 i 角检测记录表，见表 3-3 所示。

表 3-3　i 角检测记录表

仪器型号________　No.________　标尺型号________　No.________

观测时间______年____月____日____时____分　成象________

<table>
<tr><th rowspan="2">测站</th><th rowspan="2">观测次序</th><th colspan="2">标尺读数</th><th rowspan="2">高差 $a-b$ /mm</th><th rowspan="2">i 角的计算</th></tr>
<tr><th>A 尺读数 a</th><th>B 尺读数 b</th></tr>
<tr><td rowspan="5">J_1</td><td>1</td><td></td><td></td><td></td><td rowspan="10">$\Delta=h'-h=$______；
$i\approx10\Delta=$______；
校正后 A、B 标尺上的正确读数为：
$a'_2=a_2-2\Delta=$______；
$b'_2=b_2-2\Delta=$______；</td></tr>
<tr><td>2</td><td></td><td></td><td></td></tr>
<tr><td>3</td><td></td><td></td><td></td></tr>
<tr><td>4</td><td></td><td></td><td></td></tr>
<tr><td>平均</td><td></td><td></td><td></td></tr>
<tr><td rowspan="5">J_2</td><td>1</td><td></td><td></td><td></td></tr>
<tr><td>2</td><td></td><td></td><td></td></tr>
<tr><td>3</td><td></td><td></td><td></td></tr>
<tr><td>4</td><td></td><td></td><td></td></tr>
<tr><td>平均</td><td></td><td></td><td></td></tr>
</table>

表3-3(续)

附图：

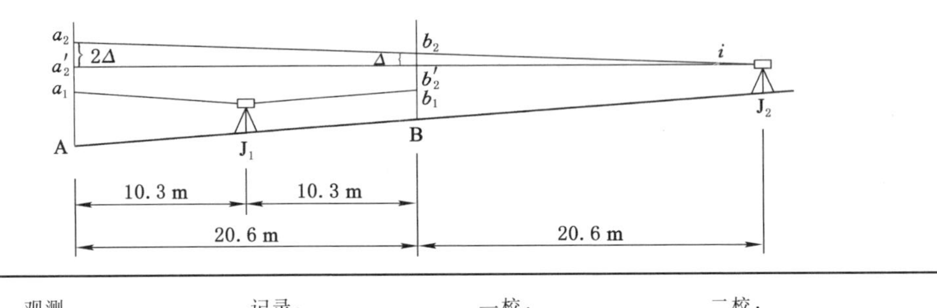

观测：________ 记录：________ 一校：________ 二校：________

三、垂直位移观测外业工作操作要点

利用电子水准仪进行垂直位移观测的操作要点：在未知两点间，摆开三脚架，取出水准仪，调平机座螺丝，使圆气泡居中，调平管水准器，开始读数。利用望远镜对准已知点 A 的后尺，调平，读出后尺的读数(后视)，把望远镜旋转到未知点 B 的前尺，调平，读出前尺的读数(前视)，记录下来。

两点高差＝后视－前视

水准测量原理如图 3-4 所示。

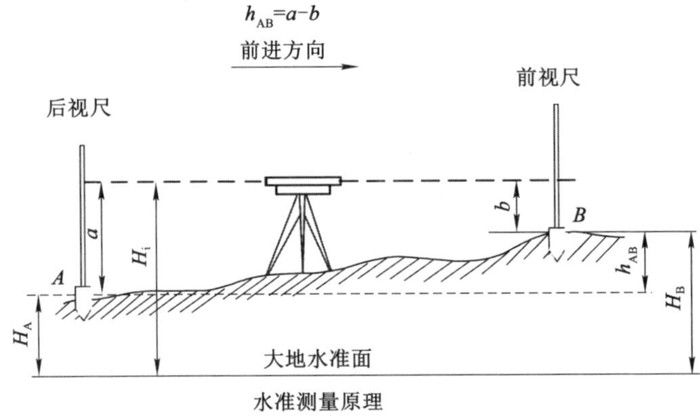

图 3-4　水准测量原理

四、设站操作流程

(1) 安置。安置是将仪器安装在可以伸缩的三脚架上并置于两观测点中间,前后视距误差需在规范规定范围内。首先打开三脚架并使高度适中,用目估法使架头大致水平,并检查三脚架是否牢固;然后打开仪器箱,用连接螺旋将水准仪器连接在三脚架上。

(2) 粗平。电子水准仪只需要粗平。粗平是使仪器的视线粗略水平,利用脚螺旋置圆水准气泡居于圆指标圈之中。在整平过程中,气泡移动的方向与大拇指运动的方向一致。

(3) 瞄准。瞄准是用望远镜准确地瞄准目标。首先把望远镜对向远处明亮的背景,转动目镜调焦螺旋,使十字丝最清晰;再旋转望远镜,使照门和准星的连接对准水准尺中央条码;最后转动物镜旋钮,使水准尺中央条码清晰地落在十字丝平面上,条码成像应清晰。

(4) 读数。成像清晰后轻按观测按钮,仪器自动观测。若观测成功,仪器则响一声,显示器上随之出现读数。若仪器响两声,则说明观测有错误,须进行检查。

注意:水准仪使用步骤一定要按照规定的流程进行,不能颠倒,特别是水准泡调整,一定要在读数前进行。每一测段的观测,应在上午或下午一次完成。每一工程的观测,应尽量在一天内完成。间隙时,应在工作基点上结束。

五、测站观测顺序

(1) 一、二等水准测量观测顺序。

① 奇数测站照准标尺分划的顺序为:后视标尺→前视标尺→前视标尺→后视标尺。

② 偶数测站照准标尺分划的顺序为:前视标尺→后视标尺→后视标尺→前视标尺。

(2) 三等水准测量每测站照准标尺分划的顺序为:后视标尺→前视标尺

→前视标尺→后视标尺。

(3) 四等水准测量每测站照准标尺分划的顺序为:后视标尺→后视标尺→前视标尺→前视标尺。

(4) 观测中视点时,其前后视距差应控制在 5 m 以内,个别特殊死角超过 5 m 时应加以说明。

注意事项:

① 观测前 30 min,应将仪器置于露天阴影下,使仪器与外界气温趋于一致;设站时,须用白色测伞为仪器遮蔽阳光;迁站时,应为仪器罩上仪器罩。

② 在连续各测站上安置水准仪的三脚架时,应使其中两脚与水准路线的方向平行,第三脚轮换置于线路方向的左侧与右侧。

③ 除线路转弯处外,每一测站上仪器与前、后视标尺的三个位置,应尽量形成一条直线。

④ 在同一测站上观测时,不得两次调焦。

⑤ 每一测段无论往测与返测,其测站数均必须为偶数。由往测转向返测时,两支标尺须互换位置,并应重新整置仪器。

⑥ 进行垂直位移观测时,应自工作基点引测各垂直位移标点高程;不应从垂直位移标点再引测其他标点高程;严禁从中间点引测其他各测点高程。

⑦ 如因工程维修或施工需要移动标点时,应在原标点附近埋设新标点,对新标点进行考证,计算新、旧标点差值,填写考证表,并详细说明,以保证新、旧标点的连续性。当需增设新标点时,可在施工结束埋设新标点后进行考证,并以同一块底板邻近标点的位移量近似作为新标点的位移量,以此推算出该标点的始测高程。

⑧ 日出后与日落前 30 min 内、太阳中天前后各约 2 h 内、标尺分划线的影像跳动而难于照准时、气温突变时、风力过大而使标尺与仪器不能稳定时,不得进行观测。

六、资料整理和初步分析

(1) 每次观测外业工作结束后,应及时对成果进行计算和校核。当闭合差大于 1 mm 以上时，必须进行平差计算。平均每测站高差改正值为 $-\Delta h/N$（Δh 为闭合差，N 为测站数），应据此计算每测站高程，并以正确高程计算各中视点高程。在经过校核的基础上，必须由计算人员和校核人员以外的第三人员进行二校。确认观测成果无误后，应编制垂直位移观测成果报表，并报上级主管部门。测量、报表填制、校核人员以及主要技术负责人都应在报表上签字。

（2）在编制报表的同时，必须检查间隔垂直位移量有无异常。如发现有异常现象，应从原始记录查起，检查本次观测成果有无计算错误，以及报表有无填制、计算错误。在确认上述事项均无错误的情况下，对异常点必须进行复测，并将观测记录归入档案。

（3）垂直位移观测应填写下列表格。

① 工作基点考证表：工作基点埋设时填制，并绘制基点结构图，以后不必再填。

② 工作基点高程考证表：定期校测工作基点高程时填制。

③ 垂直位移标点考证表：以工程底板浇筑后第一次测定的标点高程为始测高程。如无施工期观测记录，则应将第一次观测的高程作为始测高程，但必须在备注中说明第一次观测与底板浇筑后的相隔时间。如标点更新或加设，应重新填制本表，并在备注中说明情况。

④ 垂直位移观测成果表：按工程部位自上游向下游、从左向右分别填写，算出间隔和累计位移量。间隔位移量为上次观测高程减去本次观测高程。

⑤ 垂直位移量变化统计表：根据较长时间观测所得的位移量汇总而成。通过本表可点绘出垂直位移量变化过程线图。本表于逢 5 年和逢 10 年的资料汇编时填报。

（4）填表规定。

① 高程单位：m，精确至 0.000 1 m。

② 垂直位移量单位：mm，精确至 0.1 mm。

（5）垂直位移观测应绘制下列图形。

① 垂直位移量横断面分布图：主要反映在同一横断面上相邻点的位移情况。通过分布图可以看出基础是否发生不均匀沉陷。该图分上、下游两侧两个横断面分布曲线图，图上必须与两侧岸墙的垂直位移量线相连。

② 垂直位移量变化过程线图：一般情况下，同一块底板各点的垂直位移量变化过程线绘于一张图上，目的是分析同一块底板垂直位移量与时间的变化关系。

(6) 最终提交资料如下。

① 闸身垂直位移观测标点及观测线路示意图。

② 闸身工作基点高程考证表。

③ 基准点高程校核成果表。

④ 垂直位移工作基点考证表(5 年复测)。

⑤ 垂直位移工作基点高程考证表(5 年复测)。

⑥ 闸身垂直位移观测成果表。

⑦ 闸身垂直位移量横断面分布图。

⑧ 闸身垂直位移量变化统计表(5 年复测)。

⑨ 闸身垂直位移量变化过程线(5 年复测)。

第四节　引河河床变形观测

一、一般要求

(1) 引河河床变形观测包括引河过水断面、大断面和水下地形观测。引河过水断面一般是指河道设计水位以下部分断面。大断面是指过水断面及向两侧各延伸至两岸堤顶及背水面堤脚部分断面。水下地形是指河道设计水位或多年平均水位以下的河床地形。

(2) 三汊河河口闸工程引河河床断面每年汛前、汛后各观测一次，大断面观测及水下地形每 5 年进行一次，断面桩桩顶高程考证每 5 年进行一次。

(3) 出现下列情况时,必须增测过水断面和水下地形:

① 泄放流量超过设计流量。

② 河床严重冲刷未处理,并且控制运用较多。

同时,在观测过程中,如发现严重冲刷或淤积时,应在发现的断面前后位置增设断面,测出冲坑或淤堆的范围。

二、断面桩布置

三汊河河口闸上游共有 6 个断面,下游共有 5 个断面,如图 3-5 所示。编号分别为 C. S. 上 1～C. S. 上 6 和 C. S. 下 1～C. S. 下 5。断面桩用长、宽、高分别为 15 cm、15 cm、80 cm 的钢筋混凝土预制桩,桩顶设置钢制标点并用混凝土固定。

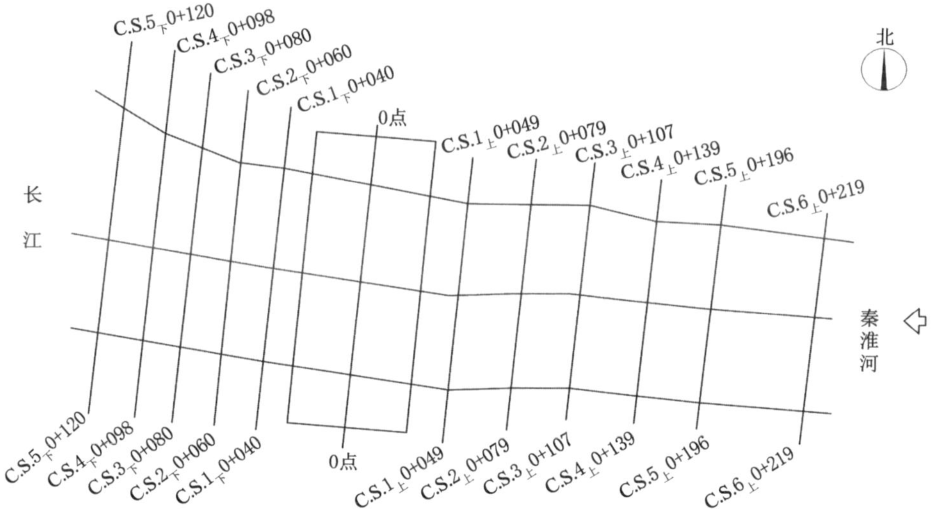

图 3-5　三汊河河口闸断面桩布置

三、观测准备

(一) 准备工作的安排

(1) 观测前要明确观测河道断面的地点、河床断面观测数量以及周围环境特点,学习并熟悉作业指导书。

(2)观测前要准备好观测所需仪器。检查仪器是否完好、相关检测资料是否齐全、仪器电量是否正常等。

(二)作业人员的组织

(1)作业人员应身体健康,无影响观测工作的疾病,精神状态良好。严禁作业人员在观测工作期间饮酒。

(2)作业人员应经过管理处河道断面观测培训,熟悉观测工作的内容和程序。

(3)联系好船主,确保其及时到场配合观测。

(三)设备、工具的准备

(1)GPS全球定位系统配合测深仪观测设备:GPS、GPS测杆、三脚架、测深仪、电瓶、充电器。

(2)过河索观测工具:钢丝绳、测深锤、卷尺。

(四)危险点分析

(1)观测人员上、下船时应注意安全。

(2)观测人员在船中分布均匀,防止载重偏沉而翻船。

(3)船靠岸时防止撞击。

(4)GPS移动站必须有人看护,防止有旁人触动。

(五)安全措施

(1)水上观测人员必须穿救生衣。

(2)观测船只按核定人数载人,严禁超载。

(3)船上应设置工作平台,防止作业人员及仪器落水。

(4)测深探头应固定在船头,并由专人扶直。

(六)观测分工

(1)GPS全球定位系统配合测深仪观测:应至少由4名观测人员进行操作,1人看护基站仪器,1人划船,1人在船头扶稳移动站,1人进行测深仪操作。

（2）过河索观测：应至少由9～11名观测人员进行操作，1人在左（右）岸固定钢丝绳，3～5人在右（左）岸拉紧钢丝绳，1人划船，1人进行测深锤观测，1人记录数据。

四、观测程序

（一）水上部分

对断面桩桩下至水边的特征点进行观测。常用仪器为水准仪或GPS全球定位系统。陆上地形如无变化，测次较密的一般河道固定断面可套用以往的资料。

1. 水准仪观测

一般以地形转折点为立尺点，如地形比较平坦，间距可适当放长。地面点高程的测量可从断面桩引测，转点必须使用尺垫，标尺读数取至1 mm，高程精确到1 cm。水准仪操作步骤可参考垂直位移部分。

2. GPS观测

（1）新建项目。

打开手簿中“Windows Embedded CE 6.0”→选择“1.项目”→“新建”→输入项目名称后点击“√”。

（2）设置基准站。

选择“2.GPS”→“连接GPS”→“连接”→选择基准站S/N→“连接”→“设置基准站”→修改点名和天线高→“平滑”→出现“开始”字样时点击“√”→“确定”。

（3）设置移动站。

退出上述界面→选择“断开GPS”→“连接GPS”→“连接”→选择移动站S/N→“连接”→“设置移动站”→“确定”。

（4）采集源点坐标（一般选定两个或两个以上已知点）。

选择“5. 测量”→输入点名和天线高→点击“√”。

（5）求解四参数。

选择"3. 参数"→"投影"→"高斯自定义"→"坐标系统"→"参数计算"→"添加"→从中选择第一个已知点，并输入目标值→"保存"→"添加"→从中选择第二个已知点，并输入目标值→"保存"→"解算"→"运用"。

注意：四参数中缩放比例应为非常接近 1 的数字，越接近 1 越可靠，一般为 0.999x 或 1.000x（x 代表任意数字）。

(6) 四参数求解完毕后进行采点（包括断面桩和转折点）。

(7) 导出水上部分数据。

选择"5. 测量"→ →选择 *.dxf 格式导出。

(8) 下载水上部分数据（以 Win7 系统为例，XP 系统操作类似）。

电脑中安装手簿连接程序→USB 连接手簿→打开软件"Windows Mobile设备中心"（如图 3-6 所示）→选择"浏览设备上的内容"→根据保存路径找到 *.dxf 文件并下载。

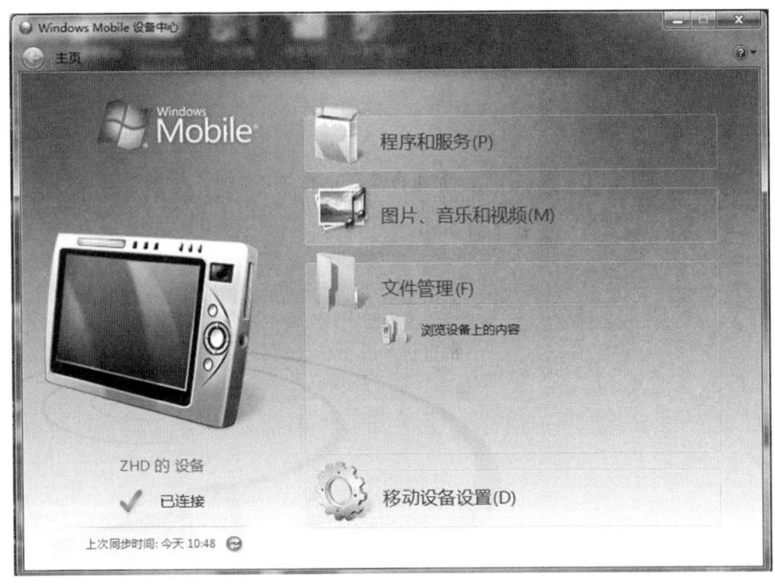

图 3-6　软件 Windows Mobile 设备中心

(二) 水下部分

测点选择以能反映水下地形为原则，靠近两岸水边测点要密，陡岸边、深泓区及转折部位均应布设测点。河道水面宽应在 100 m 以内,点距在 5 m 左右。在测量时如发现水深有突变,应缩短点距以找出冲坑、淤堆的边缘线及最深或最高点。

(三) GPS 全球定位系统配合测深仪观测

1. 计划线设置

(1) 在 CAD 中打开 *.dxf 文件,用多段线将已测量的两岸断面桩连接起来。

(2) 保存成 *.dxf 格式。

2. 测深仪设置

(1) 将 GPS 移动站绑定在测量船上,将测深仪电脑与 GPS、探头、电源连接。

(2) 打开测深仪测深软件、新建项目。

(3) 将手簿中的四参数输入测深软件。

(4) 连接设备,修改仪器窜口、仪器类别,测取 GPS 天线高。

(5) 设计船型。

(6) 导入.dxf 格式的计划线。

(7) 设置吃水深度、声速。

(8) 开始记录,对照计划线,保证船只沿计划线进行直线行驶。

注意:进行某一断面观测时,应记录该断面观测时的水位。

(9) 选择格式和路径导出。

3. 数据处理

(1) 计算河底高程。

在 Excel 中,用观测断面时的水位减去水深得到河底高程。

(2) 修改数据格式。

数据文件格式为“.×××”,分别表示点号、X 坐标、Y 坐标、河底高程。

(3) 将文件名后缀.xls 改为.dat。

(4) 展高程点。

在CASS中打开计划线，选择“绘图处理”→“展高程点”→选择相应断面.dat文件→“打开”→输入注记高程点的距离→按回车键。

(5) 生成里程文件.hdm。

① 选择“工程应用”→“生成里程文件”→“由复合线生成”→“普通断面”→点击相应断面线后出现以下对话框(如图3-7所示)。

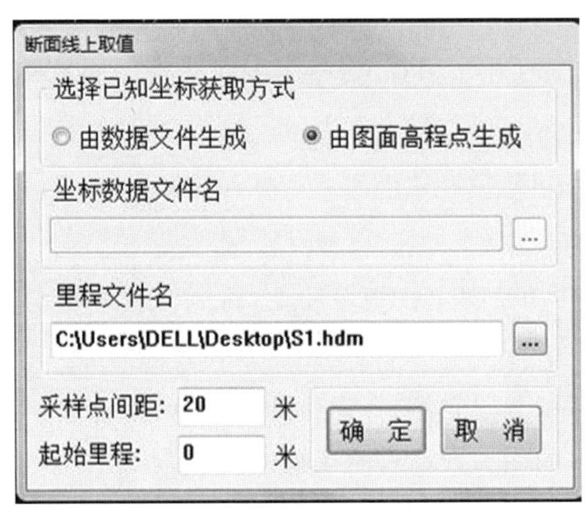

图3-7 断面线上取值对话框

② 选择由图面高程点生成坐标数据文件名，修改里程文件名、保存路径及采样点间距，即可生成里程文件。

(6) 水上、水下数据衔接处理：根据断面桩和转折点的数据对.hdm里程文件中水上部分进行修改，做好水上数据与水下数据的衔接。

(四) 过河索观测

(1) 选用直径为5～8 mm的钢丝绳，事先在绳上分别用红白布按5 m和10 m整数做上标记。

(2) 将钢丝绳两端固定在岸上，并用绞车拉紧。

(3) 按规定点距用测深锤量取水深，并将各断面观测时的水位、间距及水深记录在引河横断面测量记录簿中。

注意：用测深锤测深时，测深绳宜选用伸缩性小、抗拉强度较好的棉蜡绳，并进行缩水处理，其误差不得超过1%。

(4) 在引河横断面测量记录簿中计算起点距和高程。引河横断面测量记录簿应记录规范(两岸应填写桩下高程),如图 3-8 所示。

断面桩号 C.S 6下 (0 + 370)施测方法 断面索 仪器 测深锤
观测时间 2014 年 10 月 11 日 始 14 时 40 分 终 15 时 00 分 风向 NE 风力 2
河宽观测值 114.3 米实际河宽 114.1 米改正值 ____ 米水深改正系数 /

测点	后视	前视	视距	间距	起点距	水深	高程	地势、时间、水位
					0.0		14.51	左桩桩下，水位 8.05
				11.0	11.0		10.81	
				5.0	16.0		10.89	
				0.1	16.1		10.79	
				0.6	16.7		10.53	
				6.0	22.7	0.00	8.05	
				0.1	22.8	0.38	7.67	

图 3-8　引河横断面测量记录簿

（五）起点距的观测要求

(1) 断面施测方向:断面一般从左岸断面桩开始,由左向右顺序施测;如从右岸向左岸开始施测,应在手簿中说明。

(2) 起点距观测:起点距从左岸断面桩起算,向右为正,向左为负。

五、资料整理

一份完整的资料,由封面、引河断面观测布置示意图、河床断面观测航迹图、原始数据、河道断面桩顶高程考证表、河床断面观测成果表、河床断面比较图、河床断面冲淤量比较表组成。

（一）封面

1. 内容

封面由观测项目名称、单位负责人及时间、技术负责人及时间、观测人及时间、一校、二校等 6 项内容组成。

2. 格式

封面格式如图 3-9 所示。

××闸（站）引河横断面测量数据文件

单位负责人：________　　______年______月______日
技术负责人：________　　______年______月______日
观 测 人 员：________　　______年______月______日

图 3-9　引河横断面测量数据文件整理封面格式

（二）引河断面观测布置示意图

该示意图内容包括工程位置、断面编号、里程桩号、标准断面宽等。

（三）河床断面观测航迹图

由测深仪中导出航迹图(过河索法观测则无航迹图)。

（四）原始数据

原始数据包括.hdm 里程文件、引河横断面测量记录簿。

（五）河道断面桩顶高程考证表

从河道断面桩顶高程考证数据中摘取相应桩顶高程填入表 3-4 中。桩顶高程考证精确至 0.001 m。

表 3-4　河道断面桩顶高程考证表

断面桩号	里程桩号	位置	埋设日期	观测日期	桩顶高程(m)		断面宽(m)	备注
					左岸	右岸		

（六）河床断面观测成果表

将.hdm 里程文件或引河横断面测量记录簿填入表 3-5 中。起点距精确至 0.1 m，高程精确至 0.01 m(两岸应填写断面桩桩下高程)。见表 3-5。

表 3-5　××闸(站)河道断面观测成果表

断面编号			里程桩号			测量日期		
点号	起点距(m)	高程(m)	点号	起点距(m)	高程(m)	点号	起点距(m)	高程(m)

注：起点距从左岸断面桩起算，向右为正，向左为负。

（七）河床断面比较图

1. 输入数据

在 Excel 中，录入标准断面、上年度观测数据及本年度观测数据。

2. 插入图表

选择“插入”→“图表”→“XY 散点图”→“无数据点折线散点图”→“下一步”→“系列”→“添加”→修改相应名称、X 值及 Y 值（此页面中的标点符号为英文状态下的标点符号）。

3. 完善河床断面比较图

添加计算水位线及计算水位高程，鼠标右击修改网格线格式、坐标轴格式等内容，直至河道断面比较图符合《水利工程观测规程》(DB 32/T 1713—2011)规定。如图 3-10 所示。

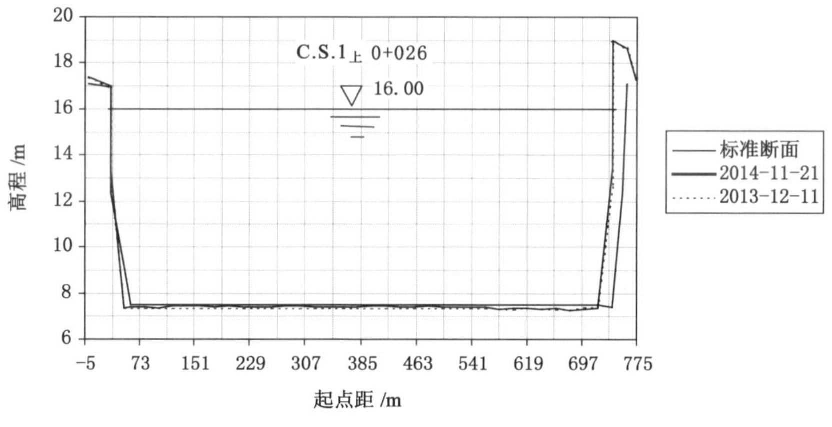

图 3-10　河床断面比较

（八）河床断面冲淤量比较表

1. 计算水位断面宽

计算水位线与河道断面左右两岸各相交于一点，两点之间的连线即为计算水位断面宽。

(1) 在每一断面左右两岸插入高程为计算水位时的起点距。设 D_n 为起点距，H_n 为高程，D 为高程在计算水位时的起点距，H 为计算水位高程，则：$D_{计}=(D_{n+1}-D_n)\times(H_n-H_{n+1})/(H_n-H_{计})+D_n$。

(2) 两起点距数值之差即为计算水位断面宽。精确至 0.1 m。

2. 深泓高程

深泓高程为河道每一个横断面最低点的高程。精确至 0.01 m。

3. 计算断面积

将断面按起点距分成若干梯形，梯形面积之和即为断面积。如图 3-11 所示。

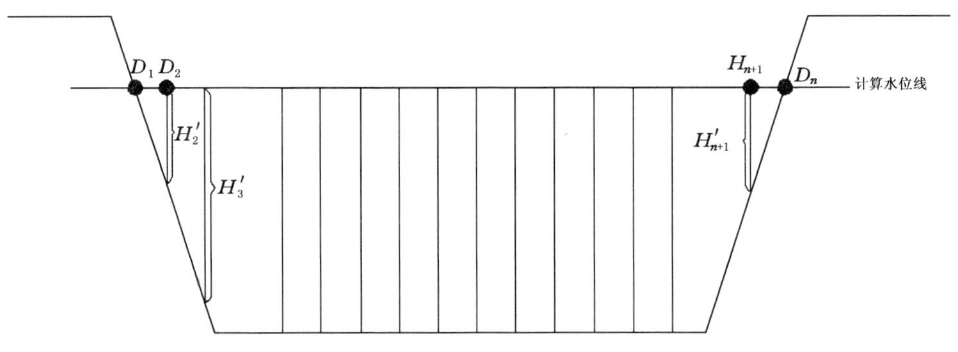

图 3-11　河道断面积示意

(1) 第 n 个起点距相对应的计算水位线时的水深 H'_n = 计算水位线高程 − 河底高程。

(2) 断面积 $S=(H_1'+H_2')\times\frac{D_2-D_1}{2}+(H_3'+H_2')\times\frac{D_3-D_2}{2}+\cdots+(H_{n-1}'+H_n')\times\frac{D_n-D_{n-1}}{2}$，精确至 1 m^2。

4. 断面间距

断面间距即相邻两断面之间的距离，其值为相邻两断面的里程桩号数值之差。

5. 计算河床容积

河床容积$=\dfrac{S_n+S_{n+1}}{2}\times$断面间距。精确至 1 m³。

6. 计算间隔冲淤量

间隔冲於量=本次观测河床容积−上次观测河床容积。精确至 1 m³。

7. 计算累计冲淤量

累计冲於量=本次观测河床容积−标准观测河床容积。精确至 1 m³。表 3-6 为河床断面冲淤量比较。

表 3-6　××闸河床断面冲淤量比较

<table>
<tr><td colspan="2">工程竣工日期</td><td colspan="6">上次观测日期</td><td colspan="3">本次观测日期</td><td colspan="4">计算水位</td><td colspan="2">冲淤量/m³</td></tr>
<tr><td rowspan="2">断面编号</td><td rowspan="2">里程</td><td colspan="3">计算水位断面宽/m</td><td colspan="3">深泓高程/m</td><td colspan="3">断面积/m²</td><td rowspan="2">断面间距/m</td><td colspan="3">河床容积/m³</td><td rowspan="2">间隔冲淤量</td><td rowspan="2">累计冲淤量</td></tr>
<tr><td>标准断面</td><td>上次观测</td><td>本次观测</td><td>标准断面</td><td>上次观测</td><td>本次观测</td><td>标准断面</td><td>上次观测</td><td>本次观测</td><td>标准断面</td><td>上次观测</td><td>本次观测</td></tr>
<tr><td></td><td></td><td></td><td></td><td></td><td></td><td></td><td></td><td></td><td></td><td></td><td></td><td></td><td></td><td></td><td></td><td></td></tr>
<tr><td></td><td></td><td></td><td></td><td></td><td></td><td></td><td></td><td></td><td></td><td></td><td></td><td></td><td></td><td></td><td></td><td></td></tr>
</table>

第四章　工程养护维修作业指导书

第一节　工程养护维修一般规定

一、一般要求

（1）三汊河河口闸工程的养护结合汛前、汛后检查定期进行。对日常检查发现的缺陷和问题，随时进行保养和局部修补，以保持工程及设备的正常运用、完整清洁，设备应操作灵活。

（2）三汊河河口闸工程的维修分为小修、大修和抢修。

① 小修：根据汛后全面检查发现的工程损坏和各项问题，对工程设施进行必要的整修和局部改善。机电设备一般每年小修一次，对运用频繁的机电设备应酌情增加小修次数。对于影响安全度汛的问题，必须在主汛期到来前解决。

② 大修：对于工程发生较大损坏或设备老化、修复工程量大、技术较复杂等问题，要有计划地进行工程整修或设备更新。

③ 抢修：当工程及设备遭受损坏、危及工程安全或影响正常运用时，必须立即采取抢护措施。

(3) 养护维修工作要坚持“经常养护、及时维修、养修并重”的原则,并应符合下列要求。

① 小修、抢修和大修工程,均应以恢复原设计标准或局部改善工程原有结构为原则,制定修理方案应根据检查和观测成果,结合工程特点、运用条件、技术水平、设备材料和经费承受能力等因素综合确定。

② 抢修工程要做到及时、快速、有效,防止险情发展。

③ 根据有关规定明确各类设备的检修、试验和保养周期,并定期进行设备等级评定。

④ 建立设备维修保养卡制度,建立单项设备技术管理档案,逐年积累各项资料,包括设备技术参数、安装、运用、缺陷、养护、修理、试验等。

⑤ 根据工程设备情况,备有必要的备品、备件。

(4) 实行管养分离,提高养修水平,降低成本,加强对养护单位的考核。

二、养护范围

三汊河河口闸工程养护的范围包括土工建筑物、石工建筑物、混凝土建筑物、闸门、启闭机、电气设备、管理设施、检查观测设施、安全生产设施及水土保持等。养护范围见表 4-1 所列。

表 4-1 三汊河河口闸工程养护范围

序号	名称	具体养护范围
1	土工建筑物	下关大桥至下游拦河索区间的河道及左、右岸堤防堤顶、堤坡、上游护坡
2	石工建筑物	闸下游浆砌块石护坡以及河口抛石
3	混凝土建筑物	闸身、排架、翼墙、上下游连接段、上下游引河两侧栏杆、上下游混凝土网格护坡等
4	闸门	两座护镜门、12 座液压小门及不锈钢栏杆等
5	启闭机	4 台盘香式启闭机及 12 台液压启闭机等

表4-1(续)

序号	名称	具体养护范围
6	电气设备	400 kV·A干式变压器,柴油发电机组,4台30 kW变频电动机,12台3 kW异步电机,1台10 kV高压开关柜,13台低压开关柜,1台UPS柜,1台EPS柜,1台网络柜,5台PLC柜,1台原型观测柜,高、低压避雷器,动力电缆和控制信号回路,各种指示仪表,景观照明控制系统,闸门自动监控系统,视频及广播设备等
7	管理设施	上闸道路、启闭机房、办公楼、通信设施、配电房屋等
8	检查观测设施	检查和测试的工具、仪器及观测设施、设备的维护等
9	安全生产设施	水上作业安全用具、登高安全工具、电气绝缘工具、消防器材、警示标牌等
10	水土保持	河口闸管理范围内的所有树木和草皮等

第二节　土工建筑物养护维修

三汊河河口闸工程土工建筑物养护维修事项见表4-2所列。

表 4-2　土工建筑物养护维修

序号	部位		养护标准	养护周期	存在问题		养护维修方法
1	堤防	堤身	进行日常保养和防护，保持堤防的完整、安全和正常运用	半个月一次	表面缺损		及时修补夯实
		堤顶	堤顶、堤肩的养护做到平整、坚实、无杂草、无弃物。堤顶要保持设计宽度和高程，做到堤线顺直、饱满平坦，无车槽，无明显凹陷、起伏，平均每 5 m 长地段纵向高差不大于 0.1 m。堤肩养护要做到无明显坑洼、坍肩，堤肩线平顺规整	河口闸两岸堤防堤顶均为沥青路面，应加强经常性、预防性小修保养，对局部的、轻微的初始破坏必须及时进行维修。堤顶花坛式挡浪墙面砖表面每月清洗一次，池内花草每半月整修一次	发生泛油、裂缝、松散		修补坑槽、沉陷、啃边
					春季沥青路面发生裂缝		灌、封修理，并及时快速修补坑槽，消除松散和翻浆等问题
					夏季高温期发生返油、突包		及时铲除
					发生积雪、积冰		及时铲除
		堤坡	堤坡应保持景观设计坡比，坡面平顺，无雨淋沟、陡坎、洞穴、陷坑、杂物等。平台应保持设计宽度，台面平整。鹅卵石路面的鹅卵石无缺损、无裂缝。背水侧堤坡（南岸办公区—下关大桥段）堤脚线应保持顺直、平整，无沟坎、残缺，在养护工作中，不可削堤筑路		出现局部残缺和雨淋沟等		应恢复原样，所用土料应为黄土，采用方法为夯实、刮平
					植被缺损		及时修补
					堤坡上大理石台阶与砖铺装路面，砌石发生跳出、沉陷		把这部分砌石取出，整理垫层，夯捣坚实，将重新铺砌块埋放于垫层上，高出原砌块 2 cm，撒填缝料并压实，使新砌块下沉且与周围的旧路面高度一致
					花坛贴面脱落、损坏		采用与原贴面相同或相近的材料修补
					发生裂缝	干缩裂缝、冰冻裂缝和深度小于 0.5 m、宽度小于 5 mm 的纵向裂缝	采取封闭缝口处理
						深度小于 5 m 并已停止发展的表层裂缝	开挖回填处理
						非滑动性的内部深层裂缝	灌浆处理
						自表层延伸至堤防深部的裂缝	采用上部开挖回填与下部灌浆相结合的方法处理
					遭受白蚁、害兽危害		一般采用毒杀和捕杀的方法防治。当发现蚁穴、兽洞时，采用开挖回填的方法处理

表4-2(续)

序号	部位		养护标准	养护周期	存在问题	养护维修方法
1	堤防	上游护坡	经常修整草皮,清除杂草、杂物,保持两岸护坡清洁美观	春季最长 20 天进行一次,夏季最长 10 天进行一次,秋季最长 15 天进行一次,冬季最长每月进行一次	出现雨淋沟	及时还原坡面,补植草皮
					坡脚遇到风浪淘刷和开闸时水流冲刷	应进行填补,必要时放缓边坡
2	河道		及时清除河面漂浮物,漂浮物滞留在闸区河道的时间不超过 12 小时。遇到重要接待和重大庆典活动,实行全天候保洁,随时保持河面清洁	每半年进行一次河床断面测量	发现河床淤积影响工程安全	机械疏浚处理

第三节　石工建筑物养护维修

(1) 护坡、护底遇有松动、塌陷、隆起、底部淘空、垫层散失等现象时，应按原状修复。

(2) 至少每周清除护坡表面杂物一次。遇到重要接待活动和节日时，每天进行一次清理。

(3) 发现伸缩缝内填料流失时，要将缝内杂物清除干净，并在 20 天内完成填补工作。

(4) 灰缝脱落时要在低水位时修补，修补时将缝口剔清刷净，修补后洒水养护。

(5) 护坡局部发生侵蚀或破碎时，采用水泥砂浆进行抹补、喷浆。破碎面较大并有垫层淘空、砌体架空时，采用填塞石料进行临时性处理(在发现该情况时 24 h 内完成该工作)，汛后进行彻底处理。

(6) 长江口处护坡抛石如被冲乱，要在护镜门开启前重新堆放整齐。

(7) 水闸的防冲设施(防冲槽、海漫等)遭受冲刷破坏时，可加筑消能设施或采用抛石、抛石笼、控制下泄流量等办法处理。

第四节　混凝土建筑物养护维修

(1) 建筑物表面保持清洁完好，积水、积雪及时排除。门槽、闸墩等处如有苔藓、蚧贝、污垢等应予清除。门底槛等部位的砂石、杂物等应及时清除。

(2) 建筑物上的排水孔应保持畅通。

(3) 钢筋混凝土构件，应因地制宜地采取适当的保护措施，一般可采用环氧砂浆等涂料进行表面封闭防腐保护。如发现涂料老化，局部损坏、脱落、起皮等现象，应及时修补或重新封闭。

(4) 钢筋的混凝土保护层受到冻蚀、碳化侵蚀损坏时，应根据侵蚀情况分别采用涂料封闭，高标号水泥砂浆或环氧砂浆抹面、喷浆等措施进行处理，并应严格掌握修补质量。

(5) 混凝土结构脱壳、剥落或机械损坏时，可根据损坏情况，采取下列修补措施并严格控制修补质量。

① 损伤面积小的，可用砂浆或聚合物砂浆抹补。

② 局部损坏的，有防腐、抗冲要求的重要部位，可用环氧砂浆或高标号水泥砂浆等材料修补。

③ 损坏面积大、深度大的，可用浇混凝土、喷混凝土、喷浆等方法修补。

④ 为保证新老材料结合紧密、坚固，应在修补前将混凝土表面凿毛清洗干净，有钢筋的应进行除锈。

(6) 混凝土建筑物出现裂缝后，应加强检查观测，查明裂缝性质、成因及其危害程度，据以确定修补措施。混凝土的微细表面裂缝、浅层缝及缝宽小于裂缝宽度最大允许值时(钢筋混凝土结构最大裂缝宽度水上区应小于0.20 mm;水位变动区应小于0.25 mm，水下区应小于0.30 mm)，可不予处理或采用涂料封闭。缝宽大于规定时，则应分别采用表面涂抹、表面粘补玻璃丝布、凿槽嵌补柔性材料后，再采取抹砂浆、喷浆或灌浆等措施进行修补。

(7) 裂缝应在基本稳定后修补，并宜在低温季节开度较大时进行。不稳定裂缝应采用柔性材料修补。

(8) 混凝土结构的渗漏，要结合表面缺陷或裂缝进行处理，并应根据渗漏部位、渗漏量大小等情况，分别采用砂浆抹面或灌浆等方法。

(9) 伸缩缝填料如有流失，应及时填充。止水设施损坏的，可用柔性材料灌浆或重新修复。

(10) 位于水下的闸底板、闸墩、岸墙、翼墙、护坡、铺盖、消力池等设施，如发生表层剥落、冲坑、裂缝、止水设施损坏，应根据水深、部位、面积大小、危害程度等不同情况，选用钢围堰、气压沉柜等设施进行修补，或由潜水人员采用快干混凝土进行水下修补。

第五节　护镜门养护维修

一、一般要求

（1）护镜门养护分为日常养护、汛前养护、汛后养护和专项维护。

（2）应根据工程情况，备有必要的检查养护工具和器具。

（3）护镜门养护应由具有相应资格证书的技术工人进行，或在具有相应资格证书的技术人员的指导下委托具有相应资质的队伍进行。

（4）各项清洁、保养、涂装等养护工作，均应做好防止交叉污染、二次污染的防护工作。

（5）护镜门管理标准见表 4-3 所列。

表 4-3　护镜门管理标准

序号	管理标准
1	闸门各类零部件无缺失，表面整洁，梁格内、门顶无积水、附着的水生物、泥砂、污垢等杂物；活动小门顶、大闸门侧止水、吊耳、支铰座等部位无树枝、漂浮物等杂物
2	闸门支铰转动灵活可靠；支铰轴和轴承无裂纹、锈痕；紧固件无松动、脱落
3	预埋件应做好暴露部位的保护措施，保持与基体连接牢固、表面平整，无松动、变形或脱落
4	闸门结构完好，面板整体无明显变形；防腐层不得出现龟裂、粉化、起泡、剥落等现象，不得出现单个面积大于 5 cm^2 的锈斑；门体部件及隐蔽部位防腐状况良好
5	橡皮止水间隙、压缩量符合设计要求，橡皮弹性好，表面无老化现象，无卷曲、脱落、凹陷等现象，无橡皮撕裂、离位现象；底、侧止水良好，漏水量不超过 0.2 L/(s · m)。
6	闸门主滚轮、吊耳轴、锁定装置等部件运转灵活，不得发生抱死或异常振动及响声

二、闸门养护维修

(一) 基本要求

1. 闸门门叶的养护要求

(1) 经常清理面板、梁系及支臂,保持清洁。

(2) 及时紧固、配齐松动或丢失的构件连接螺栓。

(3) 闸门运行中发生振动时,查找原因并采取措施消除或减轻振动。

(4) 闸门构件强度、刚度或蚀余厚度不足的,按设计要求补强或更换。

(5) 闸门构件变形的,应矫正或更换。

(6) 门叶的一类、二类焊缝开裂,在确定深度和范围后及时补焊。

(7) 门叶连接螺栓孔腐蚀的,可扩孔并配相应的螺栓。

2. 闸门行走支承装置的养护要求

(1) 定期清理行走支承装置,保持清洁。

(2) 保持运转部位的加油设施完好、畅通,并定期加油。支铰等难以加油部位,应采取适当方法进行润滑,一般可采用高压油泵(枪)定期加油。

(3) 及时拆卸清洗支铰轴堵塞的油孔、油槽,并注油。

3. 闸门吊耳与锁定装置的养护要求

(1) 定期清理吊耳及锁定装置。

(2) 吊耳及锁定装置的部件变形时,可矫正,但不应出现裂纹、开焊。

(3) 吊耳及锁定装置的轴销出现裂纹、磨损或腐蚀量超过原直径的10%时,应更换。

(4) 吊耳及锁定装置的连接螺栓腐蚀的,可采用除锈防腐;腐蚀严重的,应更换。

(5) 受力拉板或撑板腐蚀量超过原厚度的10%时,应更换。

(6) 吊座与门体应连接牢固,轴销的活动部位应定期清洗、加油。

(7) 吊耳、吊座出现变形、裂纹或锈损严重时,应更换。

4. 闸门止水装置的养护要求

(1) 止水橡皮磨损、变形的，应及时调整达到要求的预压量。

(2) 止水橡皮断裂的，可粘接修复。

(3) 止水橡皮严重磨损、变形或老化、失去弹性，导致门后水流散射或设计水头下渗漏量超过 0.2 L/(s·m)时，应更换。

(4) 止水压板局部变形的，可矫正；严重变形或腐蚀的，应更换。

5. 闸门埋件的养护要求

(1) 定期清理门槽，保持清洁。

(2) 埋件破损面积超过 30%时，应全部更换；埋件局部变形、脱落的，应局部更换。

(3) 止水座板出现蚀坑时，可涂刷树脂基材料或喷镀不锈钢材料整平。

(4) 闸门的预埋件应做好暴露部位的保护措施，保持与基体连接牢固、表面平整、定期冲洗、除锈、刷防锈漆。

6. 闸门防腐蚀的养护

(1) 使用钢闸门的过程中，应对表面涂膜(包括金属涂层表面封闭涂层)进行定期检查，发现局部锈斑、针状锈迹时，应及时补涂涂料。当涂层普遍出现剥落、鼓泡、龟裂、粉化等老化现象时，应全部做新的防腐涂层或封闭涂层。

(2) 钢闸门喷涂金属层的蚀余厚度小于原设计厚度的 1/4 时，应做新的金属防腐蚀涂层；表面保护涂层老化的，应重新涂装。

(3)当闸门涂料保护层有下列情形之一的，应进行修补或重新防腐，所用涂料宜与原涂料性能配套。

① 防腐蚀涂层裂纹较深，面积达 10%以上，或已出现深达金属基面的裂纹。

② 生锈鼓包的锈点面积超过 2%。

③ 脱落、起皮面积超过 1%。

④ 粉化，以手指轻擦涂摸，手指会沾满颜料；或用手指轻擦，会露底。

（二）日常养护

（1）日常养护每个月进行一次。

（2）清理检查：清理闸门门体，保持闸门清洁、完好及启闭运行灵活。

（3）观测调整：闸门运行中，注意观察闸门是否平衡、有无倾斜跑偏现象；止水漏水量是否超标，若超标则应调整。

（三）汛前养护

（1）汛前养护每年 3 月进行一次。

（2）准备工作：关闭大闸门和液压小门；备好检修工具和油料。

（3）支铰维护：清理铰支座上的杂物，清除表面污物，检查表面是否损伤。

（4）闸门补漆：人工系好安全带（绳）爬到闸门锈蚀部位，用砂纸除锈后涂刷银粉漆（淡灰色）。

（5）清洁：首先用尼龙刷人工清除闸门面板、立柱、油缸、梁系上附着的水生物和杂物，然后用压力水枪冲洗。

（四）汛后养护

汛后养护每年 10 月进行一次，内容同汛前养护。

（五）专项维护

（1）专项维护每 3 年进行一次。

（2）闸门门叶维护。

① 防止振动：当小门同开度运行时，闸门易产生振动现象，应适当错开小门开度，尽量减轻闸门振动。

② 防腐蚀：禁止倾倒有毒有害物质，禁止将保养废油废料倒入河中。当闸门出现腐蚀现象时，应在清除门叶上的污物后用油漆保护。

（3）支铰维护

① 清洗闸门支铰。

② 钢门体的局部构件锈损严重的，应按锈损程度，在其相应部位加固。

③ 闸门的连接紧固件如有松动、缺失时，应分别予以紧固、更换、补全；

焊缝脱落、开裂锈损的，要及时补焊。

④ 吊座与门体要连接牢固。

⑤ 闸门的预埋件要做好暴露部位非滑动面的保护措施，保持与基体连接牢固、表面平整。

(4) 止水装置维护。

检查闸门止水整体性，若发现有断裂或毁损的，应更换止水装置。闸门止水装置的养护修理要符合下列要求：

① 闸门止水装置要密封可靠，闭门状态时无翻滚、冒流现象，漏水量不大于 0.2 L/(s·m)。

② 当止水橡皮出现磨损、变形或自然老化、失去弹性且漏水量超过上述规定时，应更换。

③ 止水座板、压板锈蚀严重时，应更换，且压板螺栓、螺母要齐全。

(六) 安全隐患及防控措施

(1) 大闸门检查养护主要危险源有：① 坠落；② 落水。

(2) 防坠落、防落水安全措施有：① 一人作业、一人监护；② 高空作业佩戴安全帽、系好安全绳；③ 水上作业穿救生衣。

第六节　启闭机械养护维修

一、一般规定

(1) 启闭机养护分为日常养护和汛前养护。

日常养护是指对启闭机的日常保洁、局部保养和修补等，特别要对控制运用过程中发现的问题及时进行处理。汛前养护是指汛前对启闭机的全面保养和局部修补。

(2) 应根据工程设备情况，备有必要的备品、备件和检查养护工具、器具。

(3) 启闭机养护应由具有相应资格的技术人员进行,或在具有相应资格的技术人员的指导下进行。

(4) 启闭机大修、小修或全面养护后,或调整制动装置、限位开关、钢丝绳长度后,应做整机调试及闸门的联动试运行,反复启闭闸门3次,其工作均应正常。

(5) 各项清洁、保养、涂装等养护工作,均应做好防止交叉污染、二次污染的防护工作。

(6) 盘香式启闭机管理标准见表4-4所列。

表4-4 盘香式启闭机管理标准

序号	管理标准
1	启闭机零部件无缺失,除转动部位的工作面外其余部位均有防腐措施,着色符合标准;启闭机表面涂层均匀,光滑完整,无锈蚀现象,整机油漆颜色协调、美观,无挂流、皱皮、针孔、龟裂、裂纹等缺陷
2	启闭机机架底脚及机架与设备间连接牢固可靠,机架无明显变形、损伤或裂纹;电机等有明显接地,接地电阻、绝缘电阻值应符合要求
3	启闭机的连接件紧固,无松动现象,转动轴网轴度符合规定,弹性联轴节内弹性圈无老化、破损现象
4	机械传动装置的转动部位注油种类及油位、油质符合规定,注油设施完好,油路畅通,油封密封良好,无漏油现象
5	传动轴与两吊点轴的齿轮联轴节内外壳无裂痕;传动轴上、下轴瓦及轴头均匀且全面接触,接触面不小于70%;轴头、轴瓦无机械性划痕或磨损;表面润滑油脂充足,油杯旋转自如;轴瓦、轴肩留有1~2 mm的轴向间隙,轴顶部间隙符合要求
6	卷筒(绳鼓)表面、卷筒幅板、轮缘无裂纹,卷筒的轴及座体安装定位准确、转动灵活
7	减速器壳体及轴应保持密封,轴周及外壳不得漏油;油质不应失去原有光泽或金属粉末,油位应在规定的刻度线之间;齿轮啮合良好,转动平衡,无异常响声。开式齿轮面润滑良好,无严重磨损及锈蚀;啮合面要求紧密,各齿啮合间隙一致
8	制动器工作可靠,动作灵活;制动器轮表面无裂纹、划痕等缺陷;制动带四周边缘应整齐,与制动轮的接触面积不得少于应接触总面积的80%;制动器闸瓦退程间隙若超过规定值范围,需进行调整;制动器上的主弹簧应满足工作长度要求,所有的轴销、螺钉、弹簧均保持完好

表4-4(续)

序号	管理标准
9	钢丝绳保持清洁,防水油脂满足要求,断丝不超过标准范围;当吊点在下极限位置时,钢丝绳留在卷筒上的缠绕圈数不应少于4圈,其中两圈为固定圈,两圈为安全圈;当吊点处于上极限位置时,钢丝绳不应缠绕到卷筒绳槽以外,应有序地逐层缠绕在卷筒上,不应挤叠、跳槽或乱槽;钢丝绳在卷筒上应固定牢固,压板、螺栓应齐全,压板、夹头的数量及距离应符合规定;绳套内浇注块粉化、松动时,应立即重新浇注;闸门钢丝绳应保持两吊点在同一水平,防止闸门倾斜
10	限位开关动作灵敏准确,使用应符合规定;闸门开度仪显示准确
11	电气控制设备动作可靠、灵敏,符合电气设备管理标准

二、盘香式启闭机养护维修

盘香式启闭机的养护维修事项见表4-5所列。

表4-5　盘香式启闭机养护维修

项目	工作内容	技术要求
一、准备工作	1. 备齐工具:起子、扳手、钳子、钢丝刷、铲刀、毛刷等	专人领取、专人保管
	2. 备齐油料:柴油、汽油、3# 钙基润滑油,2# 锂基润滑油,3# 二硫化钼润滑油、减速机油	油色、油质合格
	3. 防护地面及排架	操作区域内铺垫,以防弄脏地面及排架表面
	4. 关闭闸门,切断电源	
二、拆卸	1. 搬走防鸟纱窗	轻抬轻放
	2. 拆卸电动加油机加油盖	端盖摆放位置合适,盖体向上
	3. 拆卸手动锁定装置插销	轻抬轻放
	4. 拆卸变速箱加油帽	使用专用工具
	5. 集油盘到位	废弃油料集中倒放

表4-5(续)

项目	工作内容	技术要求
三、清洗	1. 将钢丝绳分段清洗	保养人员站在排架上清洗不同部位的钢丝绳
	2. 清除齿轮、钢丝绳、绳鼓上的油料、杂物	用抹布、铲刀等清除，达到表面清洁
	3. 用柴油、汽油清洗齿轮、钢丝绳、绳鼓，必要时用砂纸除锈	齿轮、钢丝绳、绳鼓表面清洁、铮亮，无油污和锈迹
	4. 用汽油清洗设备表面	用油应适量
四、加油	1. 开动电动加油机为启闭机转动部分加注 2# 锂基润滑油	加至部分润滑油从轴承盖板缝隙中渗出为止
	2. 打开电机两端罩盖，为轴承加 3# 钙基润滑油	填满轴承盒的 2/3 即可
	3. 钢丝绳表面用手工涂抹 3# 二硫化钼润滑油	均匀适量，形成封闭的油膜即可
	4. 齿轮表面采用毛刷涂抹 3# 钙基润滑油	均匀适量，形成封闭的油膜即可
	5. 手动锁定装置，用手工涂抹 3# 钙基润滑油	填满螺杆凹槽的 2/3 即可
	6. 人工补充变速箱齿轮油（明确齿轮油型号）	油位控制在上、下限之间
五、安装	1. 防鸟网	无蜘蛛网、无灰尘，清洗干净
	2. 电动加油机加油盖	旋转到位
	3. 手动锁定装置插销	放置到位，且表面涂一层润滑油
	4. 变速箱加油帽	油加好立即旋紧
六、清理工作现场	1. 清洗机体表面	无油污和灰尘
	2. 清点工具	
	3. 移走防护垫	
	4. 打扫地面	无杂物、油污和灰尘

表4-5(续)

项目	工作内容	技术要求
七、全程注意事项	1. 严禁烟火	
	2. 严禁将废油、废物乱洒乱倒	
	3. 严格按程序操作，不得野蛮作业、违章作业、酒后作业	
	4. 严禁破坏机体、启闭机房、地板砖、排架	

三、液压启闭机养护维修

液压启闭机的养护维修应符合下列要求：

(1) 供油管和排油管应保持色标清晰，敷设牢固。

(2) 油缸支架应与基体连接牢固。

(3) 调控装置及指示仪表应按照要求定期检验。

(4) 要保持液压油的清洁，每年必须将液压油滤清一次。初期运行要求半年过滤液压油一次，以去掉机械杂质和粉末。

(5) 油泵、油管系统应无渗油现象。

(6) 液压启闭机的活塞环出现断裂、变形或磨损严重者时，应更换。

(7) 每年检查一次油缸密封圈的渗漏油情况，要求在 48 h 内闸门下沉不超过 50 mm；否则，需要更换密封圈。

(8) 油缸内壁及活塞杆出现轻微锈蚀、划痕、毛刺时，应修刮平滑、磨光。油缸和活塞杆有单面压磨痕迹时，应在分析原因后予以处理。

(9) 高压管路出现焊缝脱落、管壁裂纹现象时，应及时修理或更换。修理前，应先将管内油液排净后再进行施焊。严禁在未拆卸管件的管路上补焊。管路需要更换时，应与原设计规格相一致。

(10) 贮油箱焊缝漏油需要补焊时，可参照管路补焊的有关规定操作。补焊后应做注水渗漏试验，要求保持 12 h 无渗漏现象。

(11) 油缸检修组装后，应按设计要求做耐压试验。如无规定，则按工做压力试压 10 min，保证活塞沉降量不大于 0.5 mm，上、下端盖法兰不漏油，缸壁无渗油现象。

(12) 管路上使用的闸阀、弯头、三通等零件壁身有裂纹、砂眼或漏油时，均应更换新件。更换前，应单独做耐压试验。试验压力为工作压力的 1.25 倍，保持 30 min 无渗漏才能投入使用。

(13) 当管路漏油缺陷排除后，应按设计规定做耐压试验。如无规定，试验压力为工作压力的 1.25 倍，保持 30 min 无渗漏才能投入运用。

(14) 油泵检修后，应将油泵溢流阀全部打开，连续空转不少于 30 min，不得有异常现象。空转正常后，在监视压力表的同时，将溢流阀逐渐旋紧，使管路系统充油(充油时应排除空气)。管路充满油后，调整油泵溢流阀，使油泵在工作压力的 25%、50%、75%、100%的情况下分别连续运转 15 min，保证无振动、杂音和升温过高现象。

(15) 空转试验完毕后，调整油泵溢流阀，使其压力达到工作压力的 1.1 倍时动作排油，此时应无剧烈振动和杂音。

液压启闭机管理标准见表 4-6 所列。

表 4-6　液压启闭机管理标准

序号	管理标准
1	启闭机零部件无缺失，除转动部位的工作面外其余部位均有防腐措施，着色编号、管道示流方向及电机转向标志符合标准
2	启闭机、油泵及管道等表面清洁，整齐美观，防锈漆完好
3	油泵管道连接牢固可靠且无凹陷和弯曲半径过小的接头；油箱、管道、阀门无损、无渗油；管卡固定牢靠，无破损、缺失；电机等有明显接地，接地牢固可靠，接地电阻、绝缘电阻值应符合相关规定要求
4	油位、油质符合要求，油位、温度显示清晰、准确，过滤器、吸湿剂能正常使用
5	限位开关设定准确，动作可靠，压力仪表、闸门开度仪显示准确
6	各种类型的阀体工作正常，溢流阀整定压力符合要求
7	液压启闭机活塞环、油封无断裂变形、过度磨损及失去弹性等现象，油缸内壁光洁，无锈蚀、拉毛、划痕等

表4-6(续)

序号	管理标准
8	启闭机构件动作时运动自如,无卡滞现象及异常声响
9	电气控制设备动作可靠、灵敏,符合电气设备管理标准

液压启闭机液压系统故障维修事项见表4-7所列。

表4-7 液压启闭机液压系统故障维修

故障	原因	排除办法
泵不供油	1. 泵旋转方向不对	倒换油泵电机的电源接线
	2. 油箱中油面过低	注油
	3. 吸油道阻塞或阻力过大	检查、清理吸油管
	4. 吸油管进气	拧紧管接头或更换吸油管
	5. 泵组或转子损坏	换泵
	6. 油的黏度过大	换油
	7. 柱塞泵转子与配油盘脱开	检查、修理油泵
系统压力调不上去	1. 泵未排油	同“泵不供油”排除办法
	2. 管道中有较大的泄露	拧紧管接头,检查并清理管接头的密封处
	3. 溢流阀的先导阀或方向阀由于下述原因始终处于打开位置: ① 阻尼孔堵塞; ② 控制卸荷油路中泄露; ③ 杂质控制先导滑阀或先导阀泄露; ④ 先导阀由于别劲卡住	① 拆下方阀清洗; ② 使控制油路封闭可靠; ③ 清洗先导阀; ④ 修理先导阀
	4. 换向阀中位卡死	修理换向阀
	5. 压力表或压力表开关堵塞,系统中的压力没有反应出来	清洗压力表或压力表开关

表4-7(续)

故障	原因	排除办法
系统中有噪声	1. 油泵吸油管道堵塞	清洗吸油管道
	2. 吸油管道通油能力不够	更换吸油管道
	3. 吸油管道或泵轴密封不够	检查、修理吸油管道，更换泵轴密封
	4. 吸入的油中含有气泡	排除空气进入油中的可能
	5. 泵轴和电机轴不同心	重新调整
	6. 溢流阀振动或系统共振	检查阀的零件，消除共振原因
	7. 管路未固定	用管夹的设备刚性部分固定
	8. 油的黏性过大	换油
运行部件发生爬行现象	1. 系统中有空气	检查油面和油箱中有无气泡，排除空气进入系统的可能，油缸中应放气注油
	2. 油箱中的油面过低	放气注油
	3. 油缸中的回油背压不足	调整背压
	4. 溢流阀振动或系统工程共振	检查阀的零件，消除共振原因
	5. 启闭机的速度过慢	调整速度
	6. 闸门和导轨制造安装质量不过关	调整修理

第七节　电气设备养护维修

一、变压器养护维修

(1) 每个月用毛刷清扫变压器罩一次，并用电脑显示屏清洁剂清理温度显示器及罩壳玻璃上的灰尘污迹。

(2) 夏季每半个月检查一次变压器罩上端的排风扇，发现故障(包括风扇本身和控制线路故障)应在当天修复。

(3) 每两个月检查一次变压器外壳接地、中心点接地情况,应保证接地线紧密连接,如发现断股、锈烂的接线要在 24 h 内重新布线。

(4) 每季度检查一次变压器瓷套管表面是否有裂纹、破损或放电痕迹,一旦发现应立即更换。更换时,先切断低压侧所有负荷,分开主变进线柜 401 断路器,再断开 10 kV 开关柜 1013 的高压熔断器,挂好接地杆。

(5) 每年 3 月底前要进行变压器的预防性试验,清除高、低压桩头氧化层,并进行接地电阻测量。预防性试验结果不合格的,要立即停止运行进行大修。

(6) 变压器器身及高低压瓷套管表面清洁工作,在每年 3 月和 10 月分别进行,应采用毛刷和干棉布清扫。

(7) 干式变压器管理标准见表 4-8 所列。

表 4-8　干式变压器管理标准

序号	管理标准
1	干式变压器本体及各部件清洁、无杂物、无积尘,绝缘树脂完好,各连接件紧固无锈蚀,瓷套管表面无裂纹、破损和放电痕迹
2	变压器的铭牌固定在明显可见位置,内容清晰,高低压相序标识清晰正确,电缆及引出母线无变形,接线桩头连接牢固,示温片齐全,外壳及中心点接地线紧密连接,无断股、锈烂接线
3	变压器运行时防护门应锁好,通过观察窗能看清变压器运行状况,柜内检查用照明电源正常,电缆及母线出线封堵完好
4	测温仪准确反映变压器温度,显示正常,变压器温度不超过设定值
5	变压器罩上端排风扇运转正常,表面清洁
6	变压器预防性试验每年汛前定期进行,测试数值在试验标准范围内
7	合理调整分接开关动触头位置,保证输出电压符合要求

二、高压开关柜养护维修

(1) 每半月清洁柜体外表一次;检查电源指示灯,如损坏,应在一周内更换。

(2) 每月检查一次接地装置和柜体紧固外壳的螺丝，若发现问题应用扳手和砂布立即处理。

(3) 每年 3 月要打开柜体，清扫灰层，用 95% 的酒精清洗配件表面，用凡士林均匀涂抹高压熔断器刀口处。清除电缆桩头氧化层并紧固螺丝，更换褪色的电缆标排和相序标色纸等。

(4) 每年 10 月要拆卸熔断管进行清洁，并用万用表检查阻值。同时，进行操作机构试动，要保证其灵活，否则要调整机械操作结构的间隙。

(5) 每季度用注射器为操作机构门锁加机油一次(每次加注 3 滴)。

开关柜(含配电柜、照明箱、动力箱、开关箱)管理标准见表 4-9 所列。

表 4-9　开关柜(含配电柜、照明箱、动力箱、开关箱)管理标准

序号	管理标准
1	开关柜及底座外观整洁、干净，无积尘，防腐保护层完好、无脱落、无锈迹
2	开关柜盘面仪表、指示灯、按钮以及开关等完好，仪表显示准确，指示灯显示正常
3	开关柜整体完好，构架无变形，固定可靠
4	开关柜铭牌完整、清晰，柜前柜后均有统一的柜名，设有绝缘垫；抽屉或柜内外开关上应准确标示出供电用途
5	开关柜清洁无杂物、无积尘，接线整齐，分色清楚；二次接线端子牢固，用途标示清楚，电缆及二次接线应有清晰标记的电缆牌及号码管
6	柜内导体连接牢固，导体之间连接处及动力电缆接线桩头示温片齐全，无发热现象；开关柜与电缆沟之间封堵良好，可有效防止小动物进入柜内
7	开关柜的金属构架、柜门及安装于柜内的电器组件的金属支架与接地导体连接牢固，有明显的接地标志；门体与开关柜用多股软铜线进行可靠连接，开关柜之间的专用接地导体均应相互连接，并与接地端子连接牢固
8	开关柜抽屉等进出灵活，闭锁稳定、可靠，柜内设备完好
9	开关柜门锁齐全完好，运行时柜门应处于关闭状态，对于重要开关设备电源或存在容易被触及的开关柜应保证其处于锁定状态
10	柜内熔断器的选用、热继电器及智能开关保护整定值符合设计要求，漏电断路器应定期试验，确保动作可靠

表4-9(续)

序号	管理标准
11	操作箱、照明箱、动力配电箱的安装高度应符合规范要求，并进行等电位连接，进出电缆应穿管或暗敷，外观美观整齐
12	设置在露天的开关箱应防雨、防潮，主令控制器及限位装置保持定位准确、可靠，触点无烧毛现象。各种开关、继电保护装置保持干净，触点良好，接头牢固

三、低压配电柜养护维修

(1) 每半月用毛刷清扫柜体外壳一次，用一次性湿纸擦洗仪表盘面和指示灯外罩一次。

(2) 更换损坏的指示灯、仪表和空气开关，指示灯、仪表更换要在 15 天内完成，空气开关更换要在 7 天内完成。

(3) 每年 3 月和 10 月用吸尘器、毛刷、纱布等清扫柜体内部所有设备各一次(含电容器)，更换老化的铜排绝缘护套，所有螺丝、螺母用工具全部紧一遍(含端子排上的螺丝)。

(4) 每年汛前要进行柜体电气检测，检测的项目包括绝缘电阻和接地电阻。

(5) 梅雨季节每月均要检查柜体内部的潮湿程度，及时用干毛巾清除水珠。

(6) 每年年底对门体变形的低压柜进行集中修正，对锈蚀面积超过 25 cm^2 的开关柜采用电脑调漆(与原色相同)，集中进行喷漆处理。

(7) 每年对抽屉式开关柜所有滑道检查修正一次，并清除旧润滑油，重新涂抹一层凡士林。

(8) 框式断路器养护。

用手柄把框式断路器从配电柜中摇出，检查主触点是否有烧蚀痕迹，检查灭弧罩是否被烧黑或已损坏，紧固各接线螺丝、清洁柜内灰尘，以及试验机械的合闸、分闸情况。

(9) 各分空气开关养护。

① 取出抽屉，检查抽屉柜中的空气开关、接触器，紧固所有接线。

② 如果触头的银合金磨损严重、表面不平等，则必须更换。

③ 触点凹凸不平的部分用细锉锉平，弹簧垫片坏掉的应进行更换。

④ 检查主回路的铜鼻子是否接触牢固，清理灰尘部分及指示部分。

(10) 电容柜养护。

保养电容柜时，应先断开电容器总开关，把电容器逐个放电；然后检查接触器、电容器接线螺丝，检查接地装置是否良好。

(11) 互感器养护。

① 检查互感器各接头有无过热现象，螺丝是否松动、有无焦臭味。

② 检查瓷套管是否清洁，有无缺损、裂纹和放电现象。

③ 检查互感器的三相电压(电流)指示值是否在允许范围以内，互感器是否过负荷运行。

④ 检查互感器二次绕阻是否开路(或短路)，接地线是否良好、有无松动和断裂现象。

(12) 交流接触器养护。

① 清除接触表面的污垢，尤其是进线端相间的污垢。

② 清除触头表面及四周的污物，但不要修锉触头，烧蚀严重不能正常工作的触头应更换。

③ 清洁铁芯表面的油污及脏物。

④ 拧紧所有紧固件。

四、柴油发电机组养护维修

(1) 检查柴油机各部分油位是否正常，油质是否合格，不满足要求的，应补油或换油。

(2) 检查绝缘电阻是否符合要求，更换不符合要求的部件。

(3) 及时修复有卡阻的发电机转子、风扇和机罩间隙。

(4) 擦拭干净集电环换向器，及时调整电刷压力。

(5) 检查机旁控制屏元件和仪表安装是否紧固，更换损坏的熔断器。

(6) 更换动作不灵活、接触不良的机旁控制屏的各种开关。

(7) 蓄电池应完整，无破损、漏液、变形，极板无硫化、弯曲、短路等现象。

(8) 检查连接部位是否牢固、端子表面是否清洁、接触是否良好。

(9) 检查排气孔有无堵塞，使用时应防止因电池内压增高而发生壳体爆裂事故。冬季应防止被冰水封住。

(10) 蓄电池在使用期间的电解液密度、液面高度和温度应正常。

(11) 检查蓄电池是否保持荷电饱满状态，应定期充电。

柴油发电机组管理标准见表 4-10 所列。

表 4-10　柴油发电机组管理标准

序号	管理标准
1	柴油发电机组表面清洁，着色符合标准要求，无积尘，无油迹；防腐保护层完好，无脱落，无锈迹；机架固定可靠，机架及电气设备有可靠接地
2	各类燃油阀门开关动作可靠，有明显的旋转方向标志
3	调速制杆灵活，各连接点保持润滑
4	油压、油位、油质满足设计要求，供油管路保持畅通，无渗漏现象，柴油油箱的密闭情况良好；冷却水水位、燃油箱油位、散热器水位正常，滤清器清洁
5	冬季防冻措施到位
6	平时将蓄电池充满电存放备用，每季度进行深度放电一次，并将充电器调节到小电流方式充电；接线桩头清洁，无氧化，电缆与出口开关接线可靠，出口开关分断可靠
7	柴油发电机运转正常，无异常声响，电机温度及转速等符合要求，各类仪表指示准确

管理处组织闸主体项目部每月对柴油发电机组进行一次全面检查，并进行试运行；对发现的问题立即解决。

柴油发电机组启动流程一般包括启动前的准备工作，供油、供水、润滑系统检查，发电机面板技术参数检查，各开关柜开关的合上与断开动作检查，运行中技术参数的记录等。柴油发电机组启动和试机流程如图 4-1 和图 4-2 所示。

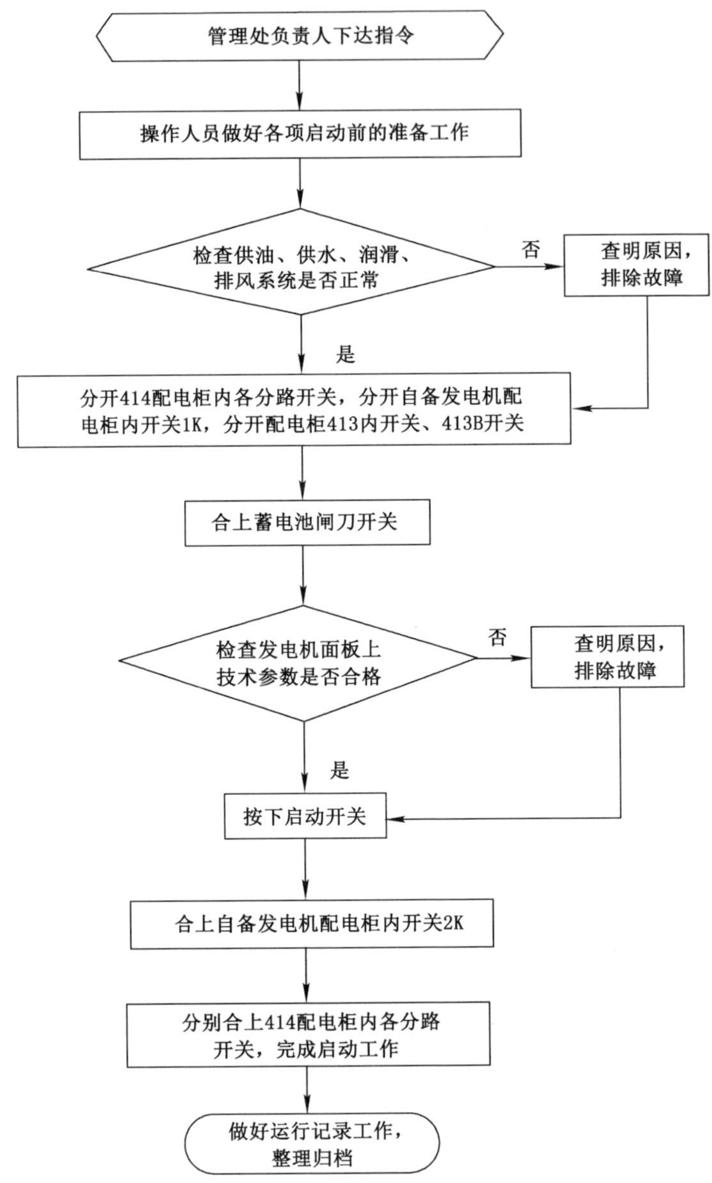

图 4-1　柴油发电机组启动流程

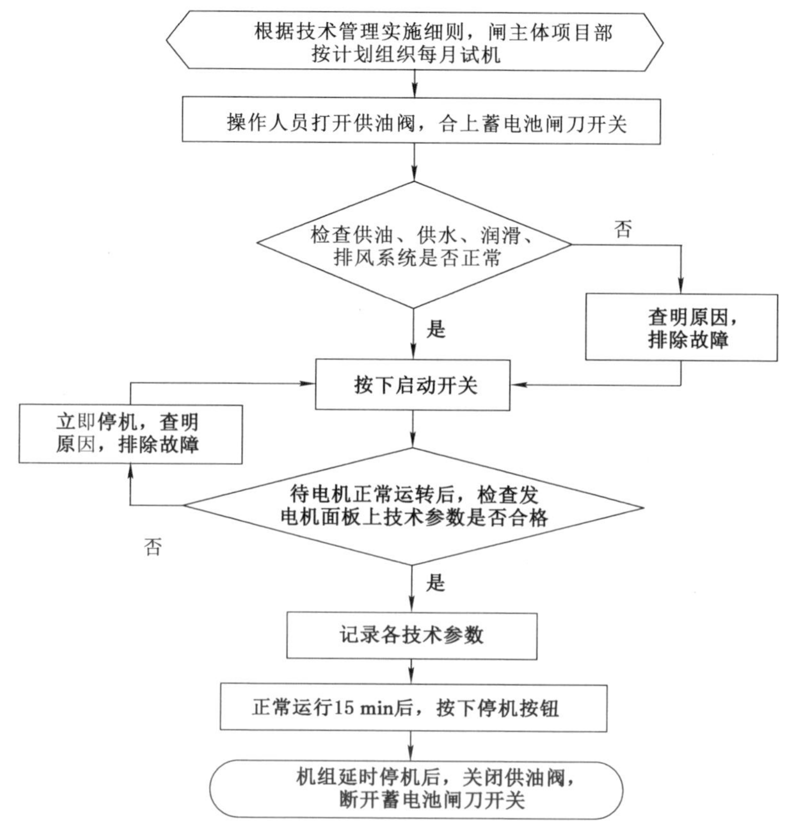

图 4-2　柴油发电机组试机流程

第八节　自动化系统养护维修

一、基本情况

自动监控系统包括计算机自动监控系统和视频监视系统。其中，自动监控系统包括计算机监控主机、护镜门 PLC 柜(SD200)、活动小门 PLC 柜(SD200)、UPS 电源柜(SD200)等；视频监视系统包括监视主机、室外摄像机、光端机、交换机、视频矩阵切换器等相关设备设施。

二、自动监控系统养护维修

（一）计算机监控主机养护

（1）每半个月为两台闸门监控主机和服务器主机用杀毒软件杀毒一次。

（2）每月清扫服务器及两台主机的灰尘（含显示屏、键盘、鼠标）。

（3）每月进行一次主机与现地控制单元（LCU）的通信检测。

（4）每月对数据库进行一次备份。

（5）每季度检查一次各自动化元件（执行元件、信号器、传感器），并用软布清洁表面。

（二）PLC 柜养护

（1）非汛期每半个月清洁一次，汛期每 10 天保洁一次。触摸屏用专用清洁剂清洗，各种模块、中间继电器、玻璃门用纯酒精清洁，其他设备用毛刷和吸尘器清扫。

（2）夏季每月保养柜顶电扇和清洁照明灯泡各一次。

（3）每年 3 月和 10 月分别对端子排上所有螺丝进行紧固，整理固定内部所有设备，并进行电气测试（绝缘和接地电阻）。

（4）每季度检测一次 PLC 与上位机、现场执行元件之间的通信情况，发现有信号或指令无法传输等故障的，要在两天内查出问题根源、7 天内解决问题。

（5）每年对小门 PLC 柜中温度继电器整定值检查校验一次。

（6）柜体锈蚀采取每 3 年集中油漆一次。

（三）UPS 柜养护

（1）每周清洁柜体一次，柜体背面和内部灰层用毛刷和吸尘器清除，柜体正面的小空气和玻璃门用手巾纸仔细轻擦。

（2）每半个月检查柜内照明和通风各一次，清洁灯泡和风扇表面灰尘。

（3）每季度切断 UPS 电源一次，进行试验和一次放充电，并清洁 UPS

表面污迹。

(4) 每年3月打开UPS外壳,用纯酒精清洁内部器件。

(5) 每年3月和10月分别对柜内端子排螺丝进行全部紧固,整理内部线路,处理接地处氧化层,并进行电气测试(绝缘和接地电阻)。

三、视频监视系统养护维修

(1) 视频矩阵、监控主机、监视器每个月清洁一次,主要是清除浮尘。

(2) 每年2月清扫摄像头外壳灰尘一次,并用纯酒精清洗玻璃外罩。

(3) 每年3月和10月分别打开摄像头外壳,清除转动部位老润滑油,更换新润滑油。

(4) 每半年检查一次摄像头电源(直流24 V和交流220 V),及时固定摄像头铁柱内部的转换器、电源器等,并清除表面灰尘。

(5) 每周进行一次矩阵切换、旋转、聚焦、变倍测试和系统的运行维护。

(6) 及时刻录视频监控的图像,每月备份一次。

(7) 摄像头铁柱(含广播铁柱)每年油漆一次。

(8) 每月用万用表检测广播线路状况一次,并紧固连接螺丝。

(9) 每年2月试验闸区播放器声音效果一次,并保养音箱与立柱螺栓(除锈加注机油)。

(10) 视频系统和广播系统每年进行一次设备运行效果考量,确保系统满足设计要求。

四、微机监控设备管理标准

微机监控设备管理标准见表4-11所列。

表4-11　微机监控设备管理标准

序号	管理标准
1	计算机主机、显示器及附件完好,机箱封板严密,按照标准化管理要求定点摆放整齐
2	计算机机箱内、外部件整洁,无积尘,散热风扇、指示灯工作正常

表4-11(续)

序号	管理标准
3	计算机线路板、各元器件、内部连线连接可靠,接插紧固
4	计算机显示器、鼠标、键盘等配套设备连接可靠,工作正常,保持清洁
5	计算机监控系统设专职管理员,定期负责对计算机进行查杀病毒;定期对历史数据备份并存档,修改前后的软件有备份,并做好修改记录
6	PLC 各模块接线端子紧固,模块接插紧固,接触良好,PLC 工作正常
7	视频服务器能实现矩阵切换、旋转、聚焦、变倍等功能
8	视频摄像机机架无锈蚀,安装固定可靠,摄像机镜头及时清洁,监控图像保持清晰度并能满足使用要求,无干扰、抖动等异常现象
9	自动控制系统、视频监视系统与上级调度系统通信正常
10	监控软件未被病毒侵害,并有备份

第九节　项目管理

一、一般规定

(1) 养护是指对水利工程检查发现的缺陷和问题,随时进行保养和局部修补,以保持工程完好、设备完整清洁、操作灵活。

(2) 维修是指对已建水利工程及附属设施在运行和全面检查中发现的损坏问题,进行必要的整修和局部完善。

(3) 管理处工程管理科负责组织编制工程养护维修计划(初步方案),该计划(初步方案)应根据相关定额编制,并按规定时间上报南京市水务局。

(4) 对涉及工程结构安全、专业性较强、技术要求高的维修项目,需委托具有相应设计资质的单位参与或承担初步方案、实施方案的编制,并组织专家审查。

(5) 工程养护维修计划下达后 1 个月内,管理处工程管理科需根据下达计划完成实施方案(含经费预算)的编制。其中,计划资金在50万元(含)以下的项目,由管理处组织审批;计划资金在50万元(不含)以上的项目,需报南京市水务局审批。

(6) 实施方案审批后应及时组织项目实施。凡影响安全度汛的项目,均应在汛前完成;应该当年完成,但由于特殊原因需要跨年完成的项目,需要在年底前向南京市水务局提出延期书面申请,说明延期原因,列出完成计划。

(7) 工程养护维修项目实行项目负责人制度。根据批准的计划,并按照批准的实施方案组织实施,保质、保量、按时完成。

(8) 项目承担单位选择。

① 省级、市级下达的专项项目,达到招投标或政府采购标准的,必须实行招投标或政府采购,选择具有资质的维修施工队伍,并按照基本建设程序加强项目管理。

② 项目预算在5 000元(不含)以下的,成立项目采购小组(两人)进行采购。采购实行财务报账制,由项目具体经办人向管理处办公室财务报账。

③ 项目预算在5 000元(含)至5万元(不含)的,需向社会上至少3家单位进行询价、比价,由管理处召开处务会讨论决定,并形成会议纪要。

④ 项目预算在5万元(含)以上的,管理处需上报南京市水务局局长办公会。

(9) 养护维修项目完工后,应及时组织竣工验收。其中,经南京市局批复实施方案的项目,先由管理处组织开展完工验收,完成项目审计等后续工作后再提请南京市局组织竣工验收,由南京市局出具竣工验收鉴定书。

(10) 养护维修项目实行项目管理卡制度,按照《江苏省水利工程维修养护项目管理卡(试行)》要求,分别建立工程养护项目管理卡、工程维修项目管理卡。管理卡建立应符合下列要求:

① 工程养护项目管理卡主要包括:实施方案审批、养护情况、养护预算、养护决算、养护总结、竣工验收等内容。

② 工程维修项目管理卡主要包括:实施计划审批、实施方案、项目预算、

开工报告、实施情况、质量检查及验收、工程量核定、竣工决算、竣工总结、竣工验收等内容。

项目管理标准见表 4-12 所列。

表 4-12 项目管理标准

项目	标准内容
计划编报	1. 工程养护维修计划根据《江苏省省级水利工程维修养护项目管理办法》等相关文件要求进行编制，每年 10 月底前编制完成养护维修计划并上报
	2. 工程养护维修计划经批准后，及时组织实施。凡影响安全度汛的项目应在汛前完成；需跨年度实施的项目，应上报批准
实施准备	3. 工程养护维修项目实行项目负责人制度，根据批准的计划，认真编制实施方案
	4. 管理处按照招投标或分散采购的有关规定，选择具有施工资质和能力的维修施工队伍，并加强项目管理
项目实施	5. 项目实施过程中，管理处随时跟踪项目进展，建立项目大事记，用文字及图像记录工程施工过程发生的事件和形成的各种数据
	6. 如实反映主要材料、机械、用工及经费等的使用情况，做到专款专用，并及时填写项目实施情况记录表
	7. 汛期或工程运行期间实施的项目应向上级防汛主管部门备案
项目验收	8. 维修项目验收应视具体情况，进行材料及设备验收、工序验收、隐蔽工程验收、阶段验收；项目完工后进行项目竣工验收。由几个分项目组成的维修项目，除项目竣工验收外，还应按分项目分别进行单项验收
	9. 材料及设备验收应具有材料各项检验资料、设备合格证、产品说明及图纸等随机资料
	10. 各工序、工程隐蔽部分阶段验收，应在各工序或隐蔽部分施工结束时进行。分项验收应具备相应的施工资料，包括质量检验数据、施工记载、图纸、试验资料、照片等
	11. 分项单项验收时应具备相应的维修实施情况记录、质量检查验收记录、施工过程照片；材料设备、各工序、工程隐蔽部分或阶段验收资料，以及试运行的资料
	12. 工程竣工应具备相应的技术资料、竣工总结、图纸、照片、项目决算及审计报告等资料
项目管理卡	13. 工程养护维修项目实行项目管理卡制度，分别建立工程养护和工程维修项目管理卡
绩效评价	14. 对预算到位情况、数量指标、质量指标、时效指标、成本指标、经济效益指标、社会效益指标、生态效益指标、服务对象满意指标等进行自评价，填写绩效目标自评表

二、养护维修项目操作流程

维修项目操作流程如图 4-3 所示,养护项目操作流程如图 4-4 所示。

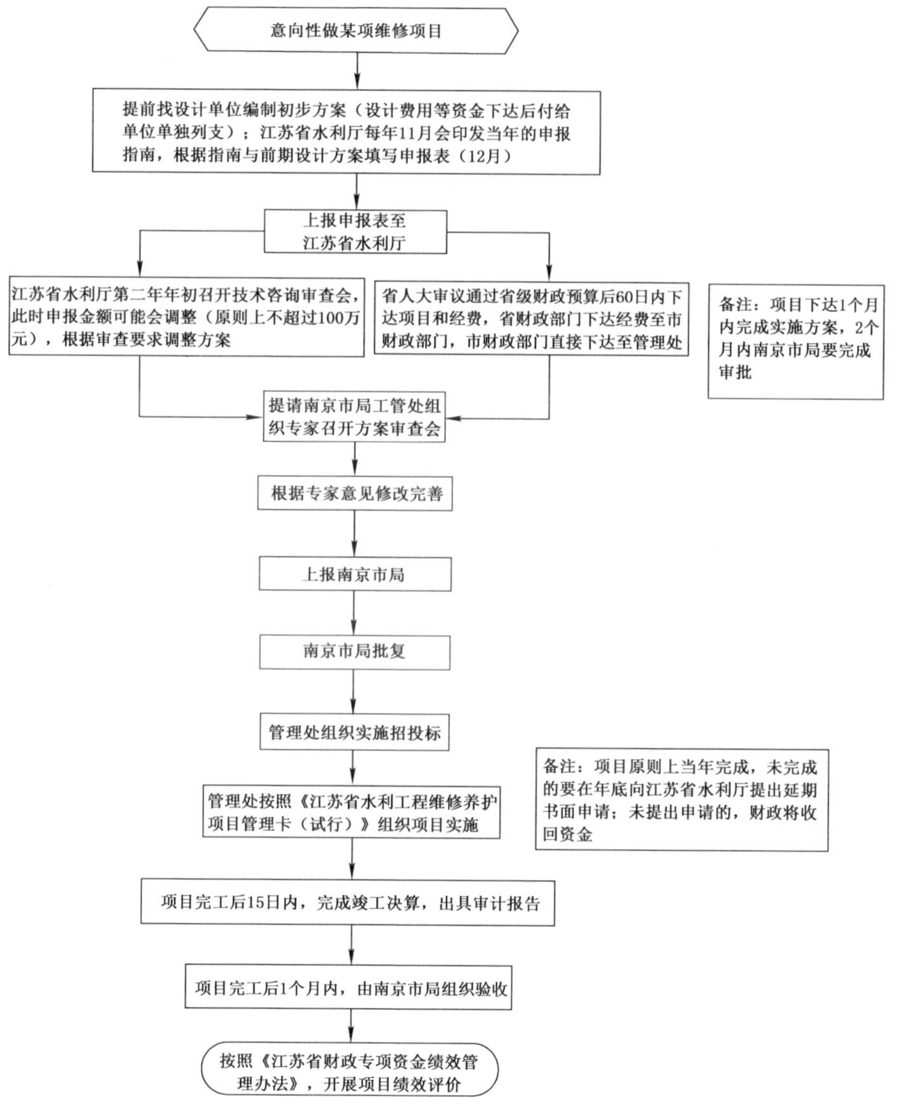

图 4-3　维修项目操作流程

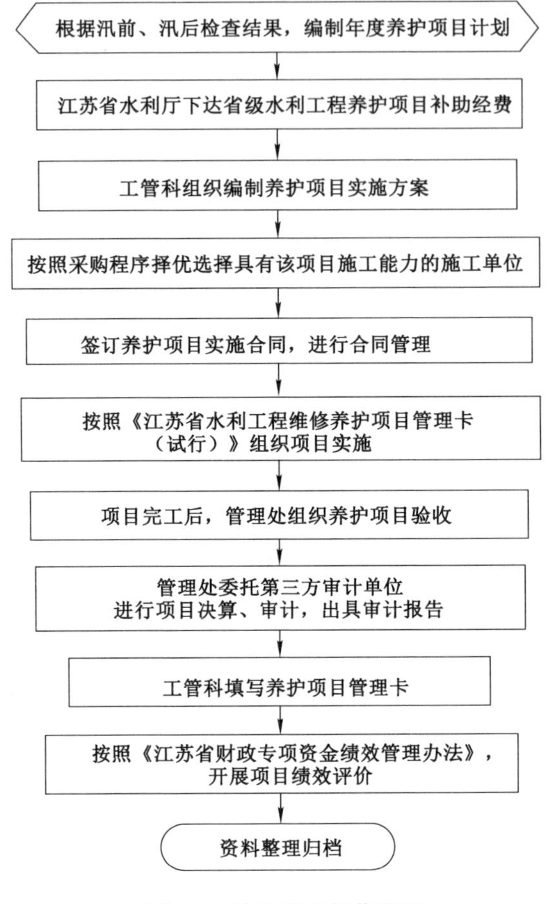

图 4-4　养护项目操作流程

三、养护维修项目合同管理

(1) 各养护维修项目具体经办人负责拟订项目合同初稿，经科室领导审核后，打印南京市水务局局属单位合同合法性审查登记表(见表 4-13)，由处领导审核签字后，盖单位公章。

(2) 项目经办人在合同草拟后 5 日内送交南京市局财务中心进行财务合规性审核。审查完成后将合同文件送交南京市局法律顾问室进行合同合法性审查，并附合同审查表、合同文本(含电子文本)、相关说明、相关批准文件等。

(3) 南京市局法律顾问室在收齐送审材料后7日内出具审查意见书;合同内容复杂的,审查时间为15个工作日。

(4) 项目经办人根据审查意见书修改合同条款,将修改后的合同传给乙方,请乙方盖章后送到管理处工程管理科。工程管理科填写南京市三汊河河口闸管理处合同审核审批表(见表4-14),并请管理处领导签字后申请盖章。

(5) 正式合同订立后,项目经办人应在5日内将正式文本送交南京市局财务中心备案。

(6) 合同生效后,申请预付款或项目经费时,由工程管理科填写南京市三汊河河口闸管理处付款支付申请单(见表4-15),并请各部门领导审批。

表4-13　南京市水务局局属单位合同合法性审查登记表

编号:宁水合同审(　　　)________号　　　　登记时间:　年　月　日

<table>
<tr><td>合同名称</td><td colspan="3"></td></tr>
<tr><td rowspan="2">当事人</td><td>甲方</td><td colspan="2">南京市三汊河河口闸管理处</td></tr>
<tr><td>乙方</td><td colspan="2"></td></tr>
<tr><td>总标的额</td><td></td><td>合同有效期</td><td></td></tr>
<tr><td rowspan="2">送审单位</td><td rowspan="2">南京市三汊河河口闸管理处</td><td>承办人</td><td></td></tr>
<tr><td>负责人</td><td></td></tr>
<tr><td rowspan="2">财务中心</td><td>审查人</td><td>负责人</td><td>备注</td></tr>
<tr><td></td><td></td><td></td></tr>
<tr><td>法律顾问</td><td colspan="3"></td></tr>
<tr><td>填表说明</td><td colspan="3">1. 送审单位在合同草拟后5日内送交财务中心进行审核,并将材料送交法律顾问处,并附合同审查表、合同文本(含电子文本)、相关说明、相关批准文件等。
2. 法律顾问在收齐送审材料后7日内出具审查意见书;合同内容复杂的,审查时间为15个工作日。
3. 正式合同订立后,局属单位应在5日内将正式文本送交财务中心备案</td></tr>
</table>

表 4-14　合同审核审批表

单位：南京市三汊河河口闸管理处

<table>
<tr><td>合同名称</td><td colspan="3"></td><td>合同编号</td><td></td></tr>
<tr><td>签订单位</td><td colspan="3"></td><td>合同期限</td><td></td></tr>
<tr><td>申请部门</td><td></td><td>经办人</td><td></td><td>申请日期</td><td></td></tr>
<tr><td>合同内容</td><td colspan="5"></td></tr>
<tr><td>经办部门
负责人</td><td colspan="5">签名：　　年　　月　　日</td></tr>
<tr><td>财务科
负责人</td><td colspan="5">签名：　　年　　月　　日</td></tr>
<tr><td>分管领导</td><td colspan="5">签名：　　年　　月　　日</td></tr>
<tr><td>主管领导</td><td colspan="5">签名：　　年　　月　　日</td></tr>
<tr><td>备注</td><td colspan="5"></td></tr>
</table>

表 4-15　南京市三汊河河口闸管理处付款支付申请单

编号：

<table>
<tr><td colspan="2">事由：</td></tr>
<tr><td>合同名称：</td><td></td></tr>
<tr><td></td><td></td></tr>
<tr><td>结算日期：</td><td></td></tr>
<tr><td colspan="2">申请支付金额：　　　　　　大写：</td></tr>
<tr><td colspan="2">经办人：</td></tr>
<tr><td colspan="2">科室负责人审核：
审核人：
日期：</td></tr>
<tr><td colspan="2">财务部门审核：
审核人：
日期：</td></tr>
<tr><td colspan="2">分管领导审核：
审核人：
日期：</td></tr>
<tr><td colspan="2">单位负责人审批：
审批人：
日期：</td></tr>
<tr><td colspan="2">备注：</td></tr>
</table>

附件：1. 发票

附录　图纸表式

附录一　工程基本情况

南京市三汊河河口闸平面布置图见附图 1-1。

南京市三汊河河口闸立面图见附图 1-2。

南京市三汊河河口闸纵剖面图见附图 1-3。

南京市三汊河河口闸大闸门开度、水位、流量关系曲线图(双孔开启)见附图 1-4。

南京市三汊河河口闸液压小门顶部水深、流量关系曲线图见附图 1-5。

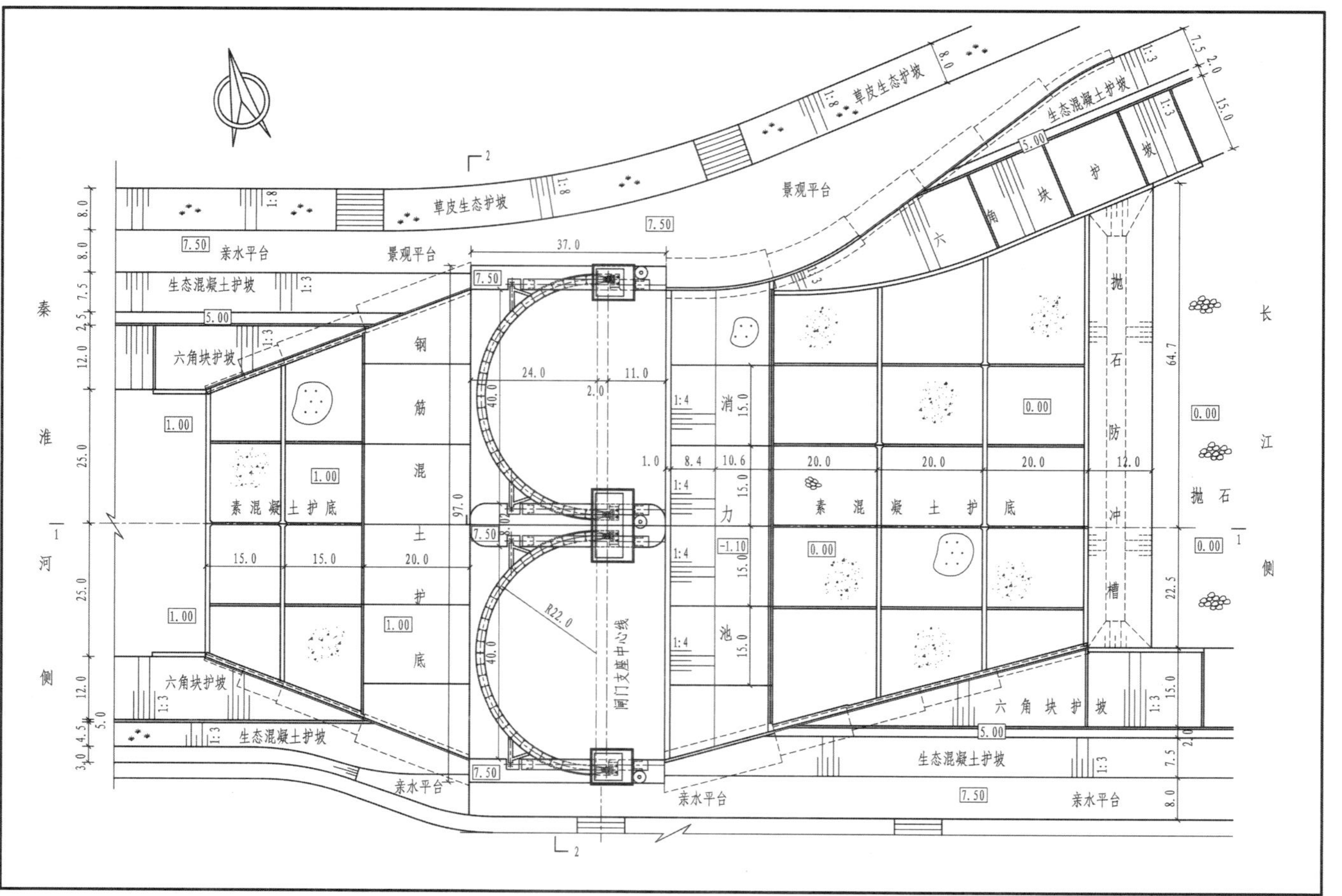

附图1-1 南京市三汊河河口闸平面布置图

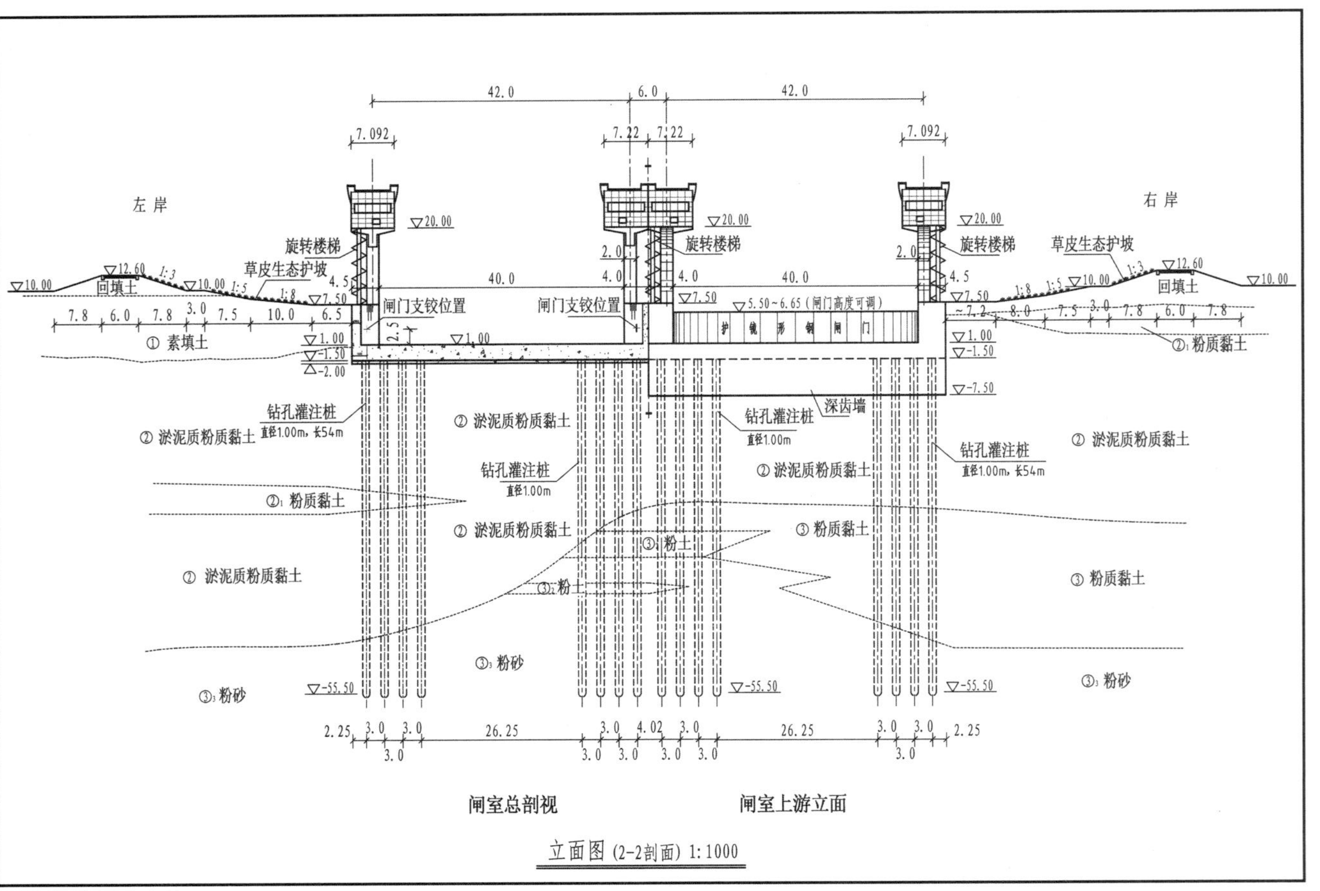

附图1-2 南京市三汊河河口闸立面图

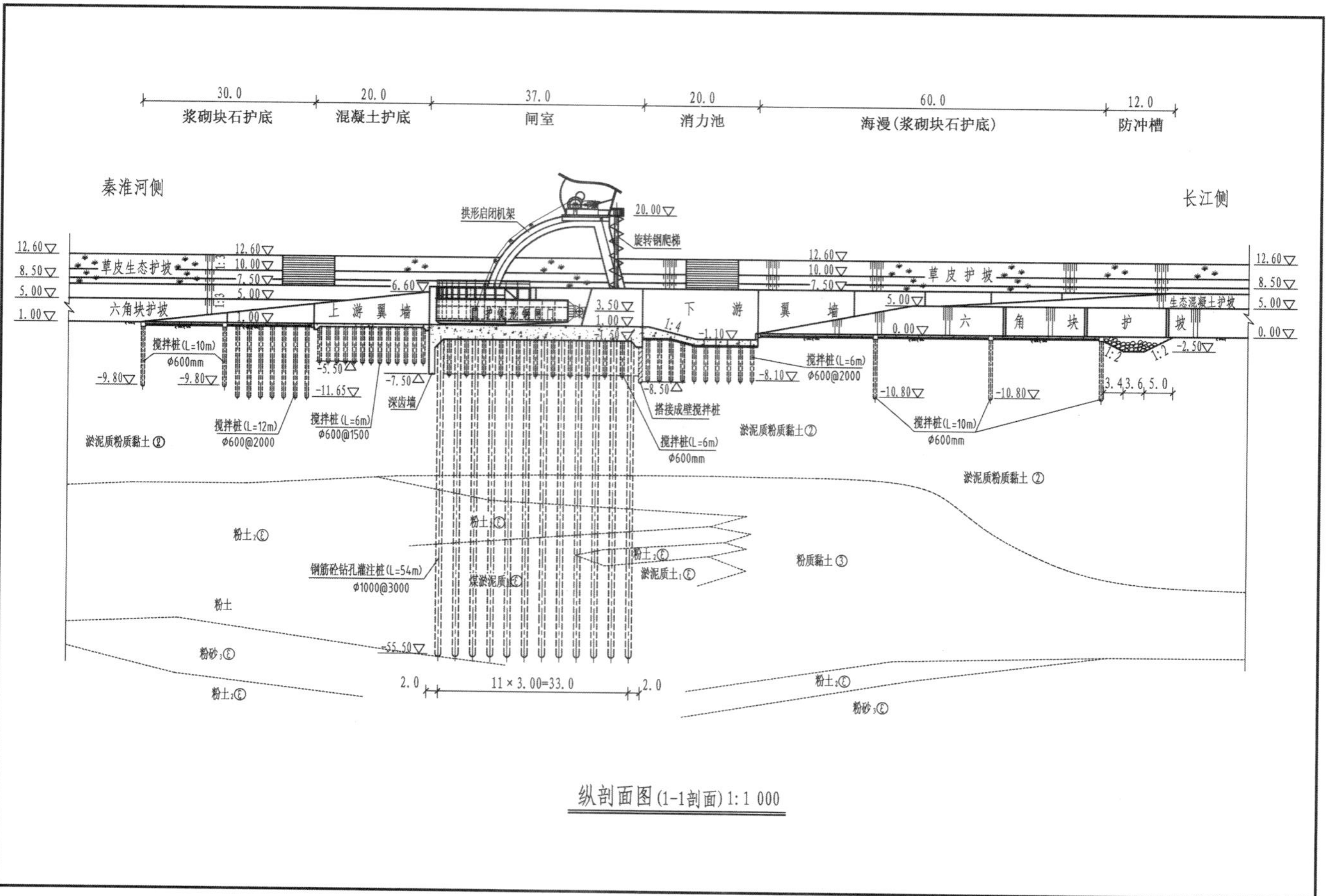

附图1-3 南京市三汊河河口闸纵剖面图

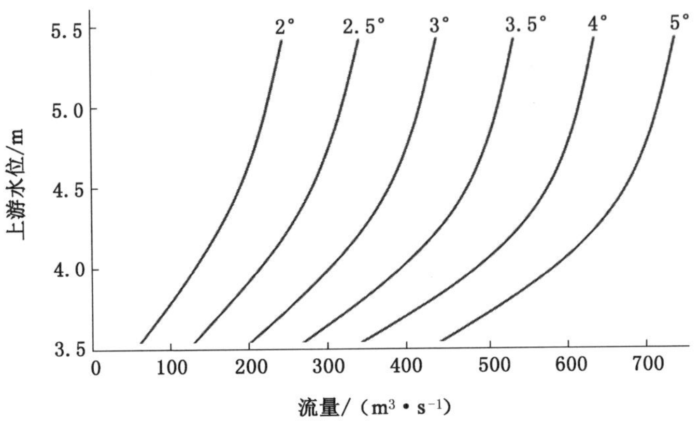

附图 1-4　南京市三汊河河口闸闸门开度、水位、流量关系曲线图（双孔开启）

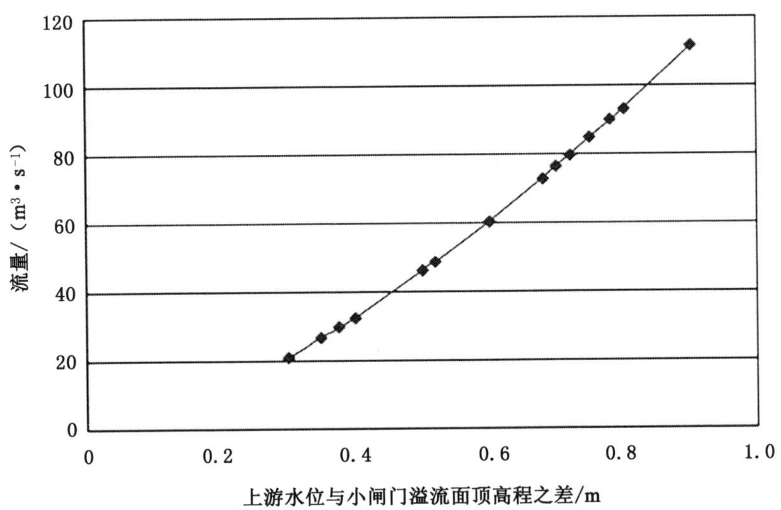

附图 1-5　南京市三汊河河口闸液压小门顶部水深、流量关系曲线图

附录二　工程检查

南京市三汊河河口闸工程日常巡查记录表见附表 2-1。

南京市三汊河河口闸工程经常检查记录表见附表 2-2。

南京市三汊河河口闸工程水下检查记录表见附表 2-3。

南京市三汊河河口闸工程专项检查记录表见附表 2-4。

附表 2-1　南京市三汊河河口闸工程日常巡查记录表

工程部位		发现问题	处理意见	备注
中央控制室	计算机监控系统			
	视频监控系统			
	广播系统			
	PLC 柜			
配电室	变压器			
	高压柜			
	低压柜			
发电机房	柴油机			
	发电机			
	配电柜			
左岸堤防	堤身			
	景观照明			
	观测设施			
1# 启闭机房	电机			
	变频器			
	PLC 柜			
	动力柜			
	启闭机			
	钢丝绳			

附表2-1(续)

工程部位		发现问题	处理意见	备注
南护镜门	便桥栏杆			
	景观照明			
	门体			
	液压小门			
2# 启闭机房	电机			
	变频器			
	动力柜			
	启闭机			
	钢丝绳			
3# 启闭机房	电机			
	变频器			
	动力柜			
	启闭机			
	钢丝绳			
北护镜门	便桥栏杆			
	景观照明			
	门体			
	液压小门			
4# 启闭机房	电机			
	变频器			
	PLC 柜			
	动力柜			
	启闭机			
	钢丝绳			
右岸堤防	堤身			
	景观照明			
	观测设施			
河道	拦河设施			
	河面			

巡查人：

附表 2-2　南京市三汊河河口闸工程经常检查记录表

检查日期：＿＿＿＿＿年＿＿月＿＿日

序号	检查项目	检查内容	检查情况	处理意见	备注
1	管理环境	管理范围内有无违章建筑			
		管理范围内有无危害工程安全的活动			
		管理范围内有无垃圾及废弃杂物等			
		绿化修剪是否整齐，苗木有无病死、旱死现象			
		环境是否整洁、美观			
2	土工建筑物	有无雨淋沟、塌陷、裂缝、渗漏、滑坡等			
		有无白蚁、兽害等			
		是否平整、坚实，有无杂草和垃圾			
		堤闸连接段有无渗漏			
3	石工建筑物	块石护坡有无塌陷、松动、隆起、底部淘空、垫层散失			
		块石护坡表面有无淤积、杂物等			
4	混凝土建筑物	闸墩、排架等混凝土构筑物有无裂缝、腐蚀、磨损、剥蚀、露筋、钢筋锈蚀			
		岸、翼墙有无倾斜、滑动			
		翼墙排水设施是否完好			
		伸缩缝有无漏水及填充物流失现象			
5	观测设施	水平位移和垂直位移标点、测斜管、断面桩、工作基点等外露观测设施是否完好			
		标志是否齐全、醒目			
		自动监测电脑工作是否正常			
		各项监测数据是否能正常显示			
		系统控制软件运行是否正常			

附表 2-2(续)

序号	检查项目		检查内容	检查情况	处理意见	备注
6	闸门	大闸门	闸门外观是否整洁,有无砂石、树枝、杂草等污物			
			门体有无明显变形、锈蚀、焊缝开裂或螺栓松动,支承行走机构是否灵活			
			门体表面有无涂层起泡、剥落、锈蚀等现象			
			止水是否连续、完整,有无卷曲、脱落、凹陷、撕裂等破损			
			止水是否满足规定要求[漏水量小于 0.2 L/(s·m)]			
			导向卷筒工作表面是否清洁			
			支铰座有无异物、锈蚀现象			
		液压小门	闸门启闭运行是否平稳,开度是否准确			
			有无卡阻、跳动现象,有无异常响声和振动			
			闸门外观是否整洁,有无砂石、树枝、杂草等杂物			
			门体有无明显变形及锈蚀现象			
			止水表面是否清洁、有无油污和水生物附着			
			止水是否满足规定要求[漏水量小于 0.2 L/(s·m)]			

附表 2-2(续)

序号	检查项目		检查内容	检查情况	处理意见	备注
7	启闭机	盘香式启闭机	机体表面是否清洁			
			机体表面有无锈蚀、破损现象			
			减速箱油位是否合格			
			大齿轮面有无磨损和锈蚀			
			电机外壳是否清洁,无尘、无污、无锈			
			制动器闸瓦间隙是否符合规定要求			
			手工锁定装置沿水平和垂直两个方向移动是否灵活			
			钢丝绳表面应涂抹 3# 二硫化钼干性润滑脂,有无漏涂、涂抹不均匀现象			
			两吊点钢丝绳是否保持一致			
			地脚螺栓是否紧固			
			各部位润滑是否良好			
		液压启闭机	机体表面是否清洁			
			压力表、变送器、传感器是否工作正常			
			油位是否正常			
			电磁阀动作是否可靠			
			线路是否整齐,绑扎是否牢固			
			油路配管防锈漆是否完好			
			有无渗油现象			
			电机外壳是否清洁,无尘、无污、无锈			

附表 2-2(续)

序号	检查项目		检查内容	检查情况	处理意见	备注
8	机电设备及防雷设施	计算机监控系统	监控主机与其配套附件是否正常运行,通信是否畅通			
			遥控系统运行是否正常			
			水位、闸位、温度等遥测量显示是否正常			
			系统有无报警信息			
		视频监控系统	光端机、交换机、光纤、网线是否完好			
			主机运行是否正常			
			图像显示是否清晰,有无干扰、抖动等异常现象			
			是否能实现矩阵切换、旋转、聚焦、变倍等功能			
			室外摄像机表面是否清洁			
		大闸门PLC柜	屏面指示灯有无缺失,指示是否正确			
			屏幕显示是否正常			
			界面有无报警信息			
			水位、闸位等遥测量显示是否正常			
			电源模块、CPU、I/O 模块工作是否正常(通过模块指示灯判别)			
			中间继电器线圈触点有无拉毛痕迹			
			柜内照明和柜顶风扇工作是否正常			
			柜体内外及元器件等是否清洁、干燥			
			线路是否整齐,扎线是否紧固,电缆头标牌是否完好			
		液压小门PLC柜	屏面指示灯有无缺失,指示是否正确			
			屏幕显示是否正常			
			界面有无报警信息			
			油位、开度等遥测量显示是否正常			
			电源模块、CPU、I/O 模块工作是否正常(通过模块指示灯判别)			
			中间继电器线圈触点有无拉毛痕迹			

附表 2-2(续)

<table>
<tr><th>序号</th><th colspan="2">检查项目</th><th>检查内容</th><th>检查情况</th><th>处理意见</th><th>备注</th></tr>
<tr><td rowspan="28">8</td><td rowspan="28">机电设备及防雷设施</td><td rowspan="3">液压小门PLC柜</td><td>柜内照明和柜顶风扇工作是否正常</td><td></td><td></td><td></td></tr>
<tr><td>柜体内外及元器件等是否清洁、干燥</td><td></td><td></td><td></td></tr>
<tr><td>线路是否整齐，扎线是否紧固，电缆头标牌是否完好</td><td></td><td></td><td></td></tr>
<tr><td rowspan="5">变压器</td><td>温控仪温度是否正常(显示 100 ℃时，风机启动；130 ℃时，输出报警信号；150 ℃时，输出跳闸信号)</td><td></td><td></td><td></td></tr>
<tr><td>变压器有无异常声音及振动情况</td><td></td><td></td><td></td></tr>
<tr><td>变压器套管是否清洁、有无破损裂纹和放电现象</td><td></td><td></td><td></td></tr>
<tr><td>排风扇工作有无异常，温控设施是否完好</td><td></td><td></td><td></td></tr>
<tr><td>柜体内外及元器件是否清洁、干燥</td><td></td><td></td><td></td></tr>
<tr><td rowspan="3">高压柜</td><td>屏面三相指示灯显示是否正常</td><td></td><td></td><td></td></tr>
<tr><td>有无异常气味和声响</td><td></td><td></td><td></td></tr>
<tr><td>柜体内外及元器件是否清洁、干燥</td><td></td><td></td><td></td></tr>
<tr><td rowspan="3">低压柜</td><td>指示灯是否完好，显示是否正常</td><td></td><td></td><td></td></tr>
<tr><td>仪表是否完好，显示是否正常</td><td></td><td></td><td></td></tr>
<tr><td>柜体内外及元器件是否清洁、干燥</td><td></td><td></td><td></td></tr>
<tr><td rowspan="3">变频器柜</td><td>液晶显示屏显示是否正常</td><td></td><td></td><td></td></tr>
<tr><td>有无异常振动、声响</td><td></td><td></td><td></td></tr>
<tr><td>柜体内外及元器件是否清洁、干燥</td><td></td><td></td><td></td></tr>
<tr><td rowspan="8">柴油机机组</td><td>油位是否满足规定要求</td><td></td><td></td><td></td></tr>
<tr><td>供油管路是否畅通，有无渗漏现象</td><td></td><td></td><td></td></tr>
<tr><td>显示屏是否显示正常</td><td></td><td></td><td></td></tr>
<tr><td>蓄电池接线桩头有无氧化，电解液是否充足</td><td></td><td></td><td></td></tr>
<tr><td>蓄电池电压是否大于 24 V</td><td></td><td></td><td></td></tr>
<tr><td>指示灯显示是否正常</td><td></td><td></td><td></td></tr>
<tr><td>设备表面是否清洁</td><td></td><td></td><td></td></tr>
<tr><td>线路是否畅通，螺栓是否紧固</td><td></td><td></td><td></td></tr>
<tr><td rowspan="3">防雷设施</td><td>避雷带是否锈蚀，接地是否符合规定要求</td><td></td><td></td><td></td></tr>
<tr><td>高压避雷器表面是否有损坏、放电迹象</td><td></td><td></td><td></td></tr>
<tr><td>低压避雷器表面是否有损坏迹象</td><td></td><td></td><td></td></tr>
</table>

附表 2-2(续)

序号	检查项目		检查内容	检查情况	处理意见	备注
9	水流形态		水流是否平顺,有无折冲水流、回流、漩涡等不良流态			
			河道水体有无污物			
			拦船设施上有无漂浮物			
10	附属设施	广播系统	控制台工作是否正常			
			话筒、功放、VCD 等设备工作是否正常			
			室外音箱声响是否正常			
			音箱表面是否清洁,有无蜘蛛网等杂物			
		景观照明	配电箱内外及元器件表面是否清洁			
			灯具表面是否清洁			
			线路有无老化现象			
			安装扎线是否牢固			
			电缆头标牌是否完好			
			灯具有无缺失,能否正常工作			
			智能控制器网口指示灯指示是否正常			
			操作控制运用软件是否正常工作			
		拦船设施	拦船设施有无损坏脱落			
			浮筒表面是否清洁			
			警戒指示灯显示是否正常			
		警告、警示标志	是否齐全、完好、整洁			
		界桩、百米桩	是否齐全、完好、整洁			
检查人员						

附表 2-3　南京市三汊河河口闸工程水下检查记录表

序号	检查部位	检查内容	检查情况	备注
1	底板	有无损坏，表面有无裂缝、异常磨损、混凝土剥落、露筋等现象		
2	门底预埋件	有无损坏，有无石块、树枝等杂物		
3	闸墩	有无损坏，表面有无裂缝、异常磨损、混凝土剥落、露筋等现象		
4	上游护底	有无损坏，表面有无裂缝、异常磨损、混凝土剥落、露筋、塌陷等现象		
5	消力池	有无砂石等淤积物，有无塌陷等现象		
6	海漫	有无损坏，表面有无裂缝、混凝土剥落、塌陷等现象		
7	防冲槽	有无松动、塌陷		
8	翼墙止水	有无损坏		
9	闸底板上、下游止水	有无损坏		

潜水员：　　　　　　信号员：　　　　　　记录员：

潜水班负责人：

作业时间：

检查单位：(盖章)

附表 2-4 南京市三汊河河口闸工程专项检查记录表

检查时间：__________年____月____日

工程部位		检查内容	质量标准	检查情况
中央控制室	计算机监控系统	1. 监控主机与现地控制设备通信是否正常	能正常运行，通信畅通	
		2. 监控软件是否正常运行	执行指令准确，正常运行	
		3. 所采集的水位、闸位、温度等信号是否正确传输	各类数据显示正常，安全可靠	
		4. 有无报警信息	无报警信息。若有，应做好详细记录，及时查找原因	
	视频监控系统	1. 监控主机是否正常运行	主机运行平稳；光端机、交换机、光纤、网线完好	
		2. 监控软件是否正常运行	运行正常	
		3. 检查摄像头运行情况	能正常显示，能实现矩阵切换、旋转、聚焦、变倍等功能	
		4. 图像是否满足使用要求	图像清晰，无干扰、抖动等异常现象	
	广播系统	1. 控制台是否切换正常	控制台工作正常，能准确切换各位置喇叭	
		2. 话筒、功放、VCD 等设备运行是否正常	工作正常	
		3. 室外喇叭声音是否清晰	声音清晰	
	1# 护镜门活动小门 LCU 柜	1. 屏面指示灯是否完好	完好，指示正确	
		2. 触摸屏工作是否正常	亮度、色彩显示正常	
		3. 检查触摸屏水位、闸位等所有采集信息是否正常，有无报警信息	信号采集正确，无中断、异常数据	
		4. 通过模块指示灯，判别电源模块、CPU、I/O 模块工作是否正常	各种模块工作指示灯显示正常	
		5. 中间继电器是否损坏	线圈触点无拉毛痕迹，指示灯显示完好	
		6. 柜体内外元器件是否异常	无异味，无放电、烧焦痕迹	

附表2-4(续)

工程部位		检查内容	质量标准	检查情况
中央控制室	2# 护镜门活动小门LCU 柜	1. 屏面指示灯是否完好	完好,指示正确	
		2. 触摸屏工作是否正常	亮度、色彩显示正常	
		3. 检查触摸屏水位、闸位等所有采集信息是否正常,有无报警信息	信号采集正确,无中断、异常数据	
		4. 通过模块指示灯,判别电源模块、CPU、I/O 模块工作是否正常	各种模块工作指示灯显示正常	
		5. 中间继电器是否损坏	线圈触点无拉毛痕迹,指示灯显示完好	
		6. 柜体内外元器件是否异常	无异味,无放电、烧焦痕迹	
	UPS 柜及网络柜	1. UPS 电源通路指示是否正确	完好,指示正确	
		2. 网络柜内部设备工作是否正常	工作指示灯显示正常	
		3. 柜体内外元器件是否异常	无异味,无放电、烧焦痕迹	
配电房	变压器	1. 变压器有无异常声音及振动情况	变压器运行平稳,声音为均匀的嗡嗡声	
		2. 变压器套管及线圈是否损坏	套管无破损裂纹和放电现象,线圈绝缘无击穿痕迹	
		3. 排风系统是否正常	工作正常,温控设施完好	
		4. 变压器周边是否有烧焦等异味	无异味	
	高压柜	1. 屏面指示灯工作是否正常	三相指示灯显示正常	
		2. 避雷器是否完好	表面无损坏、放电迹象	
		3. 有无异常气味和声响	无异常气味和声响	
	低压柜	1. 指示灯是否完好	完好,显示正常	
		2. 仪表工作是否正常	完好,显示正常	
		3. 柜体内元器件是否异常	无放电、烧焦痕迹	

附表2-4(续)

工程部位		检查内容	质量标准	检查情况
发电机房	柴油发电机机组	1. 显示屏是否有报警	显示正常	
		2. 蓄电池组工作电压是否合格	蓄电池接线桩头无氧化,电解液充足。电压大于24V	
		3. 指示灯是否显示正常	显示正常	
	低压柜	1. 指示灯是否显示正常	完好,显示正常	
		2. 仪表工作是否正常	完好,显示正常	
		3. 柜体内元器件是否异常	无放电、烧焦痕迹	
堤防		1. 堤顶、堤肩是否有异常	无裂缝等影响工程安全的状况	
		2. 堤坡是否异常	无滑坡、裂缝等	
		3. 坡脚是否异常	无坍塌等安全隐患	
		4. 观测设施是否完好	无破损、倾斜等	
景观照明		1. 箱体内部器件无异常	无放电、烧焦痕迹	
		2. 各类灯具是否完好	完好	
		3. 智能控制器工作是否正常	网口指示灯指示正常,控制器工作灯闪烁正常	
		4. 监控主机及控制软件工作正常	软件运行正常,主机工作正常	
1#启闭机房	动力柜	1. 指示灯是否完好	完好,显示正常	
		2. 仪表工作是否正常	完好,显示正常	
		3. 柜体内元器件是否异常	无放电、烧焦痕迹	
	电动机	1. 绝缘是否损坏	绝缘电阻不小于0.5 MΩ	
		2. 机壳内部是否有异味	无焦糊味	
	变频器	1. 液晶显示屏显示是否正常	显示正常,未运行时显示“0”状态	
		2. 有无异常振动、声响	运行平稳,无异常响声	
		3. 柜内设备有无异常	无放电、烧焦痕迹	

附表2-4(续)

工程部位		检查内容	质量标准	检查情况
1#启闭机房	1#启护镜门PLC柜	1. 屏面指示灯是否完好	完好,指示正确	
		2. 触摸屏工作是否正常	亮度、色彩显示正常	
		3. 检查触摸屏水位、闸位等所有采集信息是否正常,有无报警信息	信号采集正确,无中断、异常数据	
		4. 通过模块指示灯,判别电源模块、CPU、I/O 模块工作是否正常	各种模块工作指示灯显示正常	
		5. 中间继电器和温控器是否损坏	线圈触点无拉毛痕迹,指示灯显示正常	
		6. 柜体内外元器件是否异常	无异味,无放电、烧焦痕迹	
2#启闭机房	动力柜	1. 指示灯是否完好	完好,显示正常	
		2. 仪表工作是否正常	完好,显示正常	
		3. 柜体内元器件是否异常	无放电、烧焦痕迹	
	电动机	1. 绝缘是否损坏	绝缘电阻不小于 0.5 MΩ	
		2. 机壳内部是否有异味	无焦糊味	
	变频器	1. 液晶显示屏是否显示正常	显示正常,未运行时显示“0”状态	
		2. 有无异常振动、声响	运行平稳,无异常响声	
		3. 柜内设备有无异常	无放电、烧焦痕迹	
3#启闭机房	动力柜	1. 指示灯是否完好	完好,显示正常	
		2. 仪表工作是否正常	完好,显示正常	
		3. 柜体内元器件是否正常	无放电、烧焦痕迹	
	电动机	1. 绝缘是否损坏	绝缘电阻不小于 0.5 MΩ	
		2. 机壳内部是否有异味	无焦糊味	
	变频器	1. 液晶显示屏是否显示正常	显示正常,未运行时显示“0”状态	
		2. 有无异常振动、声响	运行平稳,无异常响声	
		3. 柜内设备有无异常	无放电、烧焦痕迹	

附表2-4(续)

工程部位		检查内容	质量标准	检查情况
4#启闭机房	动力柜	1. 指示灯是否完好	完好,显示正常	
		2. 仪表工作是否正常	完好,显示正常	
		3. 柜体内元器件有无异常	无放电、烧焦痕迹	
	电动机	1. 绝缘是否损坏	绝缘电阻不小于 0.5 MΩ	
		2. 机壳内部是否有异味	无焦糊味	
	变频器	1. 液晶显示屏是否显示正常	显示正常,未运行时显示“0”状态	
		2. 有无异常振动、声响	运行平稳,无异常响声	
		3. 柜内设备有无异常	无放电、烧焦痕迹	
	2#护镜门PLC柜	1. 屏面指示灯是否完好	完好,指示正确	
		2. 触摸屏工作是否正常	亮度、色彩显示正常	
		3. 检查触摸屏水位、闸位等所有采集信息是否正常,有无报警信息	信号采集正确,无中断、异常数据	
		4. 通过模块指示灯,判别电源模块、CPU、I/O 模块工作是否正常	各种模块工作指示灯显示正常	
		5. 中间继电器和温控器是否损坏	线圈触点无拉毛痕迹,指示灯显示正常	
		6. 柜体内外器件是否正常	无异味,无放电、烧焦痕迹	
护镜门	1#护镜门	1. 门体是否异常	门体上下游面板整体无明显变形	
		2. 支铰座是否存在安全隐患	金属表面无裂纹	
	2#护镜门	1. 门体是否正常	门体上下游面板整体无明显变形	
		2. 支铰座是否存在安全隐患	金属表面无裂纹	

附表2-4(续)

工程部位	检查内容	质量标准	检查情况
液压小门	1. 液压小门是否异常	运行平稳，无卡阻现象，无异常的振动和响声	
	2. 仪表、传感器、电磁阀是否正常	压力表、变送器、传感器数据显示正常，电磁阀动作准确可靠	
	3. 运行是否正常	无明显变形	
水流形态	闸区及上下游连接段水流是否平稳	无漩涡、水花翻滚等异常情况（大闸门刚开启至门底缘离开水面期间除外）	

技术负责人：　　　　　　　　　　　　检查人：

附录三 设备评级

南京市三汊河河口闸工程闸门设备单位工程评定表见附表 3-1。

南京市三汊河河口闸工程闸门设备管理等级评定表(1)见附表 3-2。

南京市三汊河河口闸工程闸门设备管理等级评定表(2)见附表 3-3。

南京市三汊河河口闸工程变压器设备等级评定表见附表 3-4。

南京市三汊河河口闸工程柴油发电机组设备等级评定表见附表 3-5。

南京市三汊河河口闸工程配电控制柜设备等级评定表见附表 3-6。

南京市三汊河河口闸工程闸门设备管理单元等级评定表(1)见附表 3-7。

南京市三汊河河口闸工程闸门设备管理单元等级评定表(2)见附表 3-8。

南京市三汊河河口闸工程启闭机设备管理单元等级评定表(1)见附表 3-9。

南京市三汊河河口闸工程启闭机设备管理单元等级评定表(2)见附表 3-10。

2×1 500 kN 盘香式启闭机检测记录表见附表 3-11。

闸门止水漏水量测量记录表(1)见附表 3-12。

闸门止水漏水量测量记录表(2)见附表 3-13。

大闸门锈蚀面积测量记录表见附表 3-14。

液压小门锈蚀面积测量记录表见附表 3-15。

附表 3-1 南京市三汊河河口闸工程闸门设备单位工程评定表

单位工程名称		南京市三汊河河口闸工程			备注
序号	单项设备编号	单项设备评定等级			
		一类	二类	三类	
合计					
单位工程 评　　定					

注:单位工程评定标准。(1) 一类单位工程:单位工程中的单项设备 70%(含)以上为一类单项设备、其余为二类单项设备者。(2) 二类单位工程:单位工程中的单项设备 70%(含)以上为一、二类单项设备者。(3) 三类单位工程:达不到二类单位工程者。

附表 3-2　南京市三汊河河口闸工程闸门设备管理等级评定表(1)

<table>
<tr><td rowspan="2">单位工程名　　称</td><td rowspan="2">三汊河河口闸工　　程</td><td colspan="5" rowspan="2">单项设备名　　称</td><td colspan="4" rowspan="2">（大）闸门</td><td colspan="3">数量</td><td colspan="6">2</td><td rowspan="2"></td></tr>
<tr><td colspan="3">规格</td><td colspan="6">外圆半径 22.8 m</td></tr>
<tr><td rowspan="3">评级单元</td><td rowspan="3">评定项目</td><td colspan="9">单项设备编号及项目等级</td><td colspan="9">单项设备编号及单元等级</td><td rowspan="3">备注</td></tr>
<tr><td colspan="3">1#</td><td colspan="3">2#</td><td colspan="3"></td><td colspan="3">1#</td><td colspan="3">2#</td><td colspan="3"></td></tr>
<tr><td>一</td><td>二</td><td>三</td><td>一</td><td>二</td><td>三</td><td>一</td><td>二</td><td>三</td><td>一类</td><td>二类</td><td>三类</td><td>一类</td><td>二类</td><td>三类</td><td>一类</td><td>二类</td><td>三类</td></tr>
<tr><td rowspan="2">(1) 检修规程及检修记录</td><td>检修规程及其内容</td><td></td><td></td><td></td><td></td><td></td><td></td><td></td><td></td><td></td><td rowspan="2"></td><td rowspan="2"></td><td rowspan="2"></td><td rowspan="2"></td><td rowspan="2"></td><td rowspan="2"></td><td rowspan="2"></td><td rowspan="2"></td><td rowspan="2"></td><td rowspan="2"></td></tr>
<tr><td>检修记录及其内容</td><td></td><td></td><td></td><td></td><td></td><td></td><td></td><td></td><td></td></tr>
<tr><td rowspan="4">(2) 润滑要求</td><td>润滑部位加油及灵活程度</td><td></td><td></td><td></td><td></td><td></td><td></td><td></td><td></td><td></td><td rowspan="4"></td><td rowspan="4"></td><td rowspan="4"></td><td rowspan="4"></td><td rowspan="4"></td><td rowspan="4"></td><td rowspan="4"></td><td rowspan="4"></td><td rowspan="4"></td><td rowspan="4"></td></tr>
<tr><td>润滑油脂选用合理，油质合格</td><td></td><td></td><td></td><td></td><td></td><td></td><td></td><td></td><td></td></tr>
<tr><td>润滑设备及零件齐全、完好</td><td></td><td></td><td></td><td></td><td></td><td></td><td></td><td></td><td></td></tr>
<tr><td>油路系统畅通无阻</td><td></td><td></td><td></td><td></td><td></td><td></td><td></td><td></td><td></td></tr>
<tr><td rowspan="4">(3) 防腐蚀</td><td>外观涂层</td><td></td><td></td><td></td><td></td><td></td><td></td><td></td><td></td><td></td><td rowspan="4"></td><td rowspan="4"></td><td rowspan="4"></td><td rowspan="4"></td><td rowspan="4"></td><td rowspan="4"></td><td rowspan="4"></td><td rowspan="4"></td><td rowspan="4"></td><td rowspan="4"></td></tr>
<tr><td>锈蚀坑</td><td></td><td></td><td></td><td></td><td></td><td></td><td></td><td></td><td></td></tr>
<tr><td>防腐蚀措施</td><td></td><td></td><td></td><td></td><td></td><td></td><td></td><td></td><td></td></tr>
<tr><td>门体附件防腐蚀状况</td><td></td><td></td><td></td><td></td><td></td><td></td><td></td><td></td><td></td></tr>
<tr><td rowspan="2">(4) 设备运行状况</td><td>闸门启闭平稳、准确、灵活</td><td></td><td></td><td></td><td></td><td></td><td></td><td></td><td></td><td></td><td rowspan="2"></td><td rowspan="2"></td><td rowspan="2"></td><td rowspan="2"></td><td rowspan="2"></td><td rowspan="2"></td><td rowspan="2"></td><td rowspan="2"></td><td rowspan="2"></td><td rowspan="2"></td></tr>
<tr><td>无异常振动及响声</td><td></td><td></td><td></td><td></td><td></td><td></td><td></td><td></td><td></td></tr>
<tr><td rowspan="5">(5) 门体状况</td><td>门叶整体结构无明显变形</td><td></td><td></td><td></td><td></td><td></td><td></td><td></td><td></td><td></td><td rowspan="5"></td><td rowspan="5"></td><td rowspan="5"></td><td rowspan="5"></td><td rowspan="5"></td><td rowspan="5"></td><td rowspan="5"></td><td rowspan="5"></td><td rowspan="5"></td><td rowspan="5"></td></tr>
<tr><td>梁系结构无明显局部变形</td><td></td><td></td><td></td><td></td><td></td><td></td><td></td><td></td><td></td></tr>
<tr><td>支臂无明显变形</td><td></td><td></td><td></td><td></td><td></td><td></td><td></td><td></td><td></td></tr>
<tr><td>一、二类焊缝无裂纹</td><td></td><td></td><td></td><td></td><td></td><td></td><td></td><td></td><td></td></tr>
<tr><td>紧固件无松动或缺件现象</td><td></td><td></td><td></td><td></td><td></td><td></td><td></td><td></td><td></td></tr>
<tr><td>(6) 行走支承装置</td><td>闸门支铰</td><td></td><td></td><td></td><td></td><td></td><td></td><td></td><td></td><td></td><td></td><td></td><td></td><td></td><td></td><td></td><td></td><td></td><td></td><td></td></tr>
</table>

附表 3-2(续)

评级单元	评定项目	单项设备编号及项目等级									单项设备编号及单元等级									备注
		1#			2#						1#			2#						
		一	二	三	一	二	三	一	二	三	一类	二类	三类	一类	二类	三类	一类	二类	三类	
(7) 止水装置	止水密封性及漏水量																			
	止水零件齐全,橡皮老化程度																			
(8) 锁定装置	工作可靠,操作方便																			
(9) 闸门埋设件	导向卷筒表面清洁平整																			
(10) 安全防护	启闭机房通道																			
	扶梯、栏杆等																			
(11) 工作场所	整齐、清洁、油污痕迹																			
	闸门及其附件																			
(12) 环境保护	废油、废弃物																			
	绿化、美化																			

单项设备评定	1#			2#					
	评级单元(共12个,缺项__个)	一类		评级单元(共12个,缺项__个)	一类		评级单元(共12个,缺项__个)	一类	
		二类			二类			二类	
		三类			三类			三类	
	单项设备等级			单项设备等级			单项设备等级		

注:1. 评级单元评定标准。(1) 一类单元:主要项目 80%(含)以上符合标准规定,其余项目基本符合规定。(2) 二类单元:主要项目 70%(含)以上符合标准规定,其余项目基本符合规定。(3) 三类单元:达不到二类单元者。

2. 单项设备评定标准。(1) 一类设备:单项设备中的评级单元全部为一类单元者。(2) 二类设备:单项设备中的评级单元全部为一、二类单元者。(3) 达不到二类设备者。

附表 3-3 南京市三汊河河口闸工程闸门设备管理等级评定表(2)

单位工程名称	三汊河河口闸工程	单项设备名称			(拱形滑动小)闸门			数量			2									
								规格			孔口宽 7.50 m，高 1.15 m									
评级单元	评定项目	单项设备编号及项目等级									单项设备编号及单元等级									备注
		1#			2#						1#			2#						
		一	二	三	一	二	三	一	二	三	一类	二类	三类	一类	二类	三类	一类	二类	三类	
(1) 检修规程及检修记录	检修规程及其内容																			
	检修记录及其内容																			
(2) 润滑要求	润滑部位加油及灵活程度																			
	润滑油脂选用合理，油质合格																			
	润滑设备及零件齐全、完好																			
	油路系统畅通无阻																			
(3) 防腐蚀	外观涂层																			
	锈蚀坑																			
	防腐蚀措施																			
	门体附件防腐蚀状况																			
(4) 设备运行状况	闸门启闭平稳、准确、灵活																			
	无异常振动及响声																			
(5) 门体状况	门叶整体结构无明显变形																			
	梁系结构无明显局部变形																			
	支臂无明显变形																			
	一、二类焊缝无裂纹																			
	紧固件无松动或缺件现象																			
(6) 行走支承装置	平面闸门滑道																			

附表 3-3(续)

评级单元	评定项目	单项设备编号及项目等级									单项设备编号及单元等级									备注
		1#			2#						1#			2#						
		一	二	三	一	二	三	一	二	三	一类	二类	三类	一类	二类	三类	一类	二类	三类	
(7) 止水装置	止水密封性及漏水量																			
	止水零件齐全，尼龙老化程度																			
(8) 锁定装置	工作可靠，操作方便																			
(9) 闸门埋设件	导向卷筒表面清洁、平整																			
	闸门防冰设备(冰冻区)																			
(10) 安全防护	启闭机房通道																			
	扶梯、栏杆等																			
(11) 工作场所	整齐、清洁、油污痕迹																			
	闸门及其附件																			
(12) 环境保护	废油、废弃物																			
	绿化、美化																			

单项设备评定	1-1#			1-2#			1-3#		
	评级单元(共12个，缺项__个)	一类		评级单元(共12个，缺项__个)	一类		评级单元(共12个，缺项__个)	一类	
		二类			二类			二类	
		三类			三类			三类	
	单项设备等级			单项设备等级			单项设备等级		

注：1. 评级单元评定标准。(1) 一类单元：主要项目 80%(含)以上符合标准规定，其余项目基本符合规定。(2) 二类单元：主要项目 70%(含)以上符合标准规定，其余项目基本符合规定。(3) 三类单元：达不到二类单元者。

2. 单项设备评定标准。(1) 一类设备：单项设备中的评级单元全部为一类单元者。(2) 二类设备：单项设备中的评级单元全部为一、二类单元者。(3) 达不到二类设备者。

附表 3-4　南京市三汊河河口闸工程变压器设备等级评定表

工程名称		设备名称		评定日期		年　月　日		
设备单元	评定项目及标准			检查结果		单元等级		备注
				合格	不合格	一	二	三
变压器本体	表面清洁							
	绝缘良好,试验数据合格							
	高低压绕组无变形,绝缘完好,无放电痕迹,引线轴头、垫块、绑扎紧固							
	铁芯一点接地且接地良好							
	运行档位正确,符合运行要求							
高低压桩头	接线牢固、示温片未熔化							
	高低压桩头清洁,瓷柱无裂纹、破损,无闪烁放电痕迹							
	高低压相序标识清晰正确							
温控仪	接线可靠,温度指示准确							
	风机开停机温度设置正确							
接地	接地电阻符合要求							
风机	接线牢固,运行良好							
指示信号	温度计工作正常,指示准确							
	表计端子及连接线紧固、可靠							
防腐蚀要求	金属表面无锈蚀,防腐良好							
	涂层均匀,整机涂料颜色协调美观							
安全防护	有安全设施、警示标牌							
工作场所	整齐、清洁、无废弃物							
	通风、照明等符合运行要求							
运行状况	运行无异常振动、声响							
	绕组温度符合运行要求							

附表 3-4(续)

<table>
<tr><td rowspan="2">设备单元</td><td rowspan="2">评定项目及标准</td><td colspan="2">检查结果</td><td colspan="3">单元等级</td><td rowspan="2">备注</td></tr>
<tr><td>合格</td><td>不合格</td><td>一</td><td>二</td><td>三</td></tr>
<tr><td rowspan="4">技术资料</td><td>图纸资料齐全</td><td></td><td></td><td rowspan="4" colspan="3"></td><td rowspan="4"></td></tr>
<tr><td>操作记录齐全,符合要求</td><td></td><td></td></tr>
<tr><td>检修资料、检修记录齐全</td><td></td><td></td></tr>
<tr><td>试验资料齐全</td><td></td><td></td></tr>
<tr><td rowspan="4">设备等级评定</td><td>等级类别</td><td colspan="2">数量</td><td colspan="3">百分比</td><td>评定等级</td></tr>
<tr><td>一类单元</td><td colspan="2"></td><td colspan="3"></td><td rowspan="3"></td></tr>
<tr><td>二类单元</td><td colspan="2"></td><td colspan="3"></td></tr>
<tr><td>三类单元</td><td colspan="2"></td><td colspan="3"></td></tr>
<tr><td colspan="2">检查人:</td><td colspan="3">记录人:</td><td colspan="3">责任人:</td></tr>
</table>

附表 3-5　南京市三汊河河口闸工程柴油发电机组设备等级评定表

工程名称		设备名称		评定日期		年　月　日		
设备单元	评定项目及标准	检查结果		单元等级			备注	
		合格	不合格	一	二	三		
电气及仪表	各种电器开关及继电器元件							
	表计工作正常、信号指示正确							
柴油机	缸体、附件完整、完好							
	空气滤清器、涡轮增压及配气机构工作正常							
	润滑油供油系统工作正常，油位、油压符合运行要求							
	冷却系统工作正常，水温符合运行要求							
	轴承、起动齿轮无异常声响							
	起动电机、充电发电机工作正常							
蓄电池	电解液液位及电解液比重(电量)							
	电缆接线桩头紧固及氧化防护							
发电机	能达到铭牌技术参数要求							
	发电机绕组的绝缘电阻合格							
	发电机励磁调节机构工作正常							
	联轴器连接牢固可靠							
	发电机外壳接地应牢固可靠							
防腐蚀要求	金属表面无锈蚀、防腐良好							
	涂层均匀，整机涂料颜色协调美观							
安全防护	安全护罩完好							
	严禁堆放易燃易爆品，设有消防器具及黄沙箱							
	照明等							

附表 3-5(续)

<table>
<tr><th rowspan="2">设备单元</th><th rowspan="2">评定项目及标准</th><th colspan="2">检查结果</th><th colspan="3">单元等级</th><th rowspan="2">备注</th></tr>
<tr><th>合格</th><th>不合格</th><th>一</th><th>二</th><th>三</th></tr>
<tr><td rowspan="2">工作场所</td><td>整齐、清洁,无油污、废弃物</td><td></td><td></td><td colspan="3" rowspan="2"></td><td rowspan="2"></td></tr>
<tr><td>照明等</td><td></td><td></td></tr>
<tr><td rowspan="3">设备运行状况</td><td>达到规定的额定电压、频率、功率</td><td></td><td></td><td colspan="3" rowspan="3"></td><td rowspan="3"></td></tr>
<tr><td>运行状态完好</td><td></td><td></td></tr>
<tr><td>操作符合规程</td><td></td><td></td></tr>
<tr><td rowspan="2">技术资料</td><td>设备图纸及产品说明书齐全</td><td></td><td></td><td colspan="3" rowspan="2"></td><td rowspan="2"></td></tr>
<tr><td>检修资料齐全,检修记录完整</td><td></td><td></td></tr>
<tr><td rowspan="4">设备等级评定</td><td>等级类别</td><td colspan="2">数量</td><td colspan="3">百分比</td><td>评定等级</td></tr>
<tr><td>一类单元</td><td colspan="2"></td><td colspan="3"></td><td rowspan="3"></td></tr>
<tr><td>二类单元</td><td colspan="2"></td><td colspan="3"></td></tr>
<tr><td>三类单元</td><td colspan="2"></td><td colspan="3"></td></tr>
</table>

检查人：　　　　　　　　记录人：　　　　　　　　责任人：

附表 3-6　南京市三汊河河口闸工程配电控制柜设备等级评定表

<table>
<tr><td>工程名称</td><td></td><td>设备名称</td><td></td><td colspan="2">评定日期</td><td colspan="4">年　月　日</td></tr>
<tr><td rowspan="2">设备单元</td><td colspan="3" rowspan="2">评定项目及标准</td><td colspan="2">检查结果</td><td colspan="3">单元等级</td><td rowspan="2">备注</td></tr>
<tr><td>合格</td><td>不合格</td><td>一</td><td>二</td><td>三</td></tr>
<tr><td rowspan="5">柜体</td><td colspan="3">柜体结构牢固，油漆保护完整，无锈蚀</td><td></td><td></td><td rowspan="5"></td><td rowspan="5"></td><td rowspan="5"></td><td rowspan="5"></td></tr>
<tr><td colspan="3">铭牌标志正确、清晰、完整</td><td></td><td></td></tr>
<tr><td colspan="3">表面清洁，无灰尘污垢，无变形</td><td></td><td></td></tr>
<tr><td colspan="3">柜内整洁，无积垢</td><td></td><td></td></tr>
<tr><td colspan="3">封闭严密，无小动物痕迹，电缆进出孔封板完整</td><td></td><td></td></tr>
<tr><td rowspan="2">隔离刀闸</td><td colspan="3">隔离刀闸容量满足实际运行要求</td><td></td><td></td><td rowspan="2"></td><td rowspan="2"></td><td rowspan="2"></td><td rowspan="2"></td></tr>
<tr><td colspan="3">进、出线桩头连接紧固，无过热现象</td><td></td><td></td></tr>
<tr><td rowspan="5">开关</td><td colspan="3">开关容量满足实际运行要求</td><td></td><td></td><td rowspan="5"></td><td rowspan="5"></td><td rowspan="5"></td><td rowspan="5"></td></tr>
<tr><td colspan="3">过流脱扣装置按要求整定（如有）</td><td></td><td></td></tr>
<tr><td colspan="3">欠压脱扣装置按要求整定（如有）</td><td></td><td></td></tr>
<tr><td colspan="3">进、出线桩头连接紧固，无过热现象</td><td></td><td></td></tr>
<tr><td colspan="3">辅助触点接触良好，动作可靠</td><td></td><td></td></tr>
<tr><td rowspan="2">互感器</td><td colspan="3">变比选择合适</td><td></td><td></td><td rowspan="2"></td><td rowspan="2"></td><td rowspan="2"></td><td rowspan="2"></td></tr>
<tr><td colspan="3">进、出线桩头连接紧固，无过热现象</td><td></td><td></td></tr>
<tr><td rowspan="5">熔断器</td><td colspan="3">熔断器外观无损伤、开裂、变形，绝缘部分无闪烁放电痕迹</td><td></td><td></td><td rowspan="5"></td><td rowspan="5"></td><td rowspan="5"></td><td rowspan="5"></td></tr>
<tr><td colspan="3">熔断器各接触点完好，接触紧密，无过热现象</td><td></td><td></td></tr>
<tr><td colspan="3">进、出线桩头连接紧固，无过热现象</td><td></td><td></td></tr>
<tr><td colspan="3">熔断器熔断信号指示器指示正常</td><td></td><td></td></tr>
<tr><td colspan="3">熔断器和熔体的额定值与被保护设备相配合</td><td></td><td></td></tr>
<tr><td rowspan="3">抽屉结构及插件</td><td colspan="3">抽屉轨道无变形、无卡阻</td><td></td><td></td><td rowspan="3"></td><td rowspan="3"></td><td rowspan="3"></td><td rowspan="3"></td></tr>
<tr><td colspan="3">一次插件接触良好，无过热现象</td><td></td><td></td></tr>
<tr><td colspan="3">二次插件接触良好</td><td></td><td></td></tr>
</table>

附表 3-6(续)

<table>
<tr><th rowspan="2">设备单元</th><th rowspan="2">评定项目及标准</th><th colspan="2">检查结果</th><th colspan="3">单元等级</th><th rowspan="2">备注</th></tr>
<tr><th>合格</th><th>不合格</th><th>一</th><th>二</th><th>三</th></tr>
<tr><td rowspan="6">仪表及
指示灯</td><td>仪表误差符合规程规定</td><td></td><td></td><td rowspan="6"></td><td rowspan="6"></td><td rowspan="6"></td><td rowspan="6"></td></tr>
<tr><td>回零位好，可动部件转动灵活</td><td></td><td></td></tr>
<tr><td>外壳、玻璃、端子、刻度盘、指针、零位调整器完整，封闭严密</td><td></td><td></td></tr>
<tr><td>仪表机械部分零件无松动或焊接不良现象</td><td></td><td></td></tr>
<tr><td>数字表显示正确</td><td></td><td></td></tr>
<tr><td>指示灯完好，显示正确</td><td></td><td></td></tr>
<tr><td rowspan="2">二次线路</td><td>套管标号完整、清晰</td><td></td><td></td><td rowspan="2"></td><td rowspan="2"></td><td rowspan="2"></td><td rowspan="2"></td></tr>
<tr><td>二次接线正确，绝缘良好，排列整齐、规范</td><td></td><td></td></tr>
<tr><td rowspan="3">安全防护</td><td>柜体与四壁安全距离应符合规范规定</td><td></td><td></td><td rowspan="3"></td><td rowspan="3"></td><td rowspan="3"></td><td rowspan="3"></td></tr>
<tr><td>外壳接地可靠，接地电阻符合规范要求</td><td></td><td></td></tr>
<tr><td>按要求配备绝缘垫</td><td></td><td></td></tr>
<tr><td rowspan="3">工作场所</td><td>整齐、清洁，无油污、废弃物</td><td></td><td></td><td rowspan="3"></td><td rowspan="3"></td><td rowspan="3"></td><td rowspan="3"></td></tr>
<tr><td>照明光照度符合要求</td><td></td><td></td></tr>
<tr><td>严禁堆放易燃易爆品，设有消防器具</td><td></td><td></td></tr>
<tr><td rowspan="2">设备运行情况</td><td>操作灵活，运行可靠</td><td></td><td></td><td rowspan="2"></td><td rowspan="2"></td><td rowspan="2"></td><td rowspan="2"></td></tr>
<tr><td>运行时无异常温升及响声</td><td></td><td></td></tr>
<tr><td rowspan="3">技术资料</td><td>图纸资料齐全</td><td></td><td></td><td rowspan="3"></td><td rowspan="3"></td><td rowspan="3"></td><td rowspan="3"></td></tr>
<tr><td>检修资料齐全，检修记录完整</td><td></td><td></td></tr>
<tr><td>试验资料齐全</td><td></td><td></td></tr>
<tr><td rowspan="4">设备等级评定</td><td>等级类别</td><td colspan="2">数量</td><td colspan="3">百分比</td><td>评定等级</td></tr>
<tr><td>一类单元</td><td colspan="2"></td><td colspan="3"></td><td rowspan="3"></td></tr>
<tr><td>二类单元</td><td colspan="2"></td><td colspan="3"></td></tr>
<tr><td>三类单元</td><td colspan="2"></td><td colspan="3"></td></tr>
</table>

检查人：　　　　　　　　记录人：　　　　　　　　责任人：

附表 3-7　南京市三汊河河口闸工程闸门设备管理单元等级评定表(1)

设备编号		(大闸门)			
评级单元	评定项目	评定标准	评定结果	单元等级	备注
(1) 检修规程及检修记录	具有检修规程，并认真执行	对小修(岁修)及大修的项目和周期有明确规定	有明确规定	一类单元	
		有检修技术标准	有检修技术标准		
		有检修组织设计(施工措施或施工计划)	有检修组织设计		
		有验收和质量评定办法	有验收和质量评定办法		
	具有检修记录，并及时归档	有检修前的检测记录	有检测记录		
		有检修实施记录	有实施记录		
		有安装调试记录	有安装调试记录		
		有竣工验收记录	有竣工验收记录		
		有相关文件及图纸，检修记录归档	已归档		
(2) 润滑要求	润滑部位加油及灵活程度	转动轴、转动轮等润滑部位定期加注润滑油脂；部件运转灵活，无异常声音	符合标准规定	一类单元	
	润滑油脂	选用合理，油质合格	油质符合标准规定		
	润滑设备及零件	齐全、完好	齐全、完好		
	油路系统	畅通无阻	畅通无阻		
(3) 防腐蚀要求	外观涂层	外表单个锈蚀面积不超过 8.0 cm^2，锈蚀面积之和不超过防腐面积的 1%	符合标准规定	一类单元	
	锈蚀坑	不得出现锈蚀深度达构件厚度 15%的进行性锈坑	符合标准规定		
	防腐蚀措施	有行之有效的防腐措施	有防腐措施		
	门体附件防腐蚀状况	附属设施的防腐措施与闸门要求相同	符合规定		
		闸门埋件外露表面必须做防腐处理	符合标准规定		
		门槽附近的扶梯、栏杆、盖板等部位防腐状况良好	防腐状况良好		

附表 3-7(续)

评级单元	评定项目	评定标准	评定结果	单元等级	备注
(4)设备运行状况	闸门启闭	运行平稳，操作准确，安全可靠	符合标准规定	一类单元	
	运行情况	无卡阻现象	无卡阻现象		
		无跳动现象	无跳动现象		
		无异常响声	无异常响声		
		无异常振动	无异常振动		
(5)门体状况	门叶结构	整体结构无明显变形	无明显变形	一类单元	
	梁系结构	局部无明显变形	无明显变形		
	支臂	无明显变形	无明显变形		
	一、二类焊缝	无裂缝	无裂缝		
	吊耳板	无任何裂纹或其他缺陷；大修时必须进行探伤检查	无裂纹		
	紧固件	不得松动、缺件	符合标准规定		
	焊缝	无开裂、漏焊等肉眼可见的缺陷	无缺陷		
(6)行走支承装置	闸门支铰	转动应灵活可靠；支铰轴和轴承无裂纹、锈痕；紧固件不得松动、脱落	符合标准规定	一类单元	
(7)止水装置	止水密封性及漏水量	应严密；经运行后漏水量不得超过 0.15 L/(s·m)	严密；漏水量没有超过标准值	一类单元	
	止水零件齐全，橡皮老化程度	应连续、完整，无卷曲、脱落、凹陷、撕裂等破损	符合标准规定		
		止水橡皮弹性好，表面无老化现象	符合标准规定		
		压板无变形、隆起等	压板无变形、隆起		
		压板螺栓、螺母齐全	齐全		

附表 3-7(续)

<table>
<tr><th>评级单元</th><th>评定项目</th><th>评定标准</th><th>评定结果</th><th>单元等级</th><th>备注</th></tr>
<tr><td rowspan="2">(8)锁定装置</td><td>手工锁定装置沿水平方向</td><td>安全可靠,操作方便,动作灵活,无卡阻</td><td>灵活</td><td rowspan="2">一类单元</td><td></td></tr>
<tr><td>手工锁定装置沿垂直方向</td><td>安全可靠,操作方便,动作灵活,无卡阻</td><td>灵活</td><td></td></tr>
<tr><td rowspan="2">(9)闸门埋设件</td><td>导向卷筒</td><td>工作表面应清洁、平整</td><td>清洁、平整</td><td rowspan="2">一类单元</td><td></td></tr>
<tr><td>闸门防冰设备</td><td>完好、有效</td><td>合理缺项</td><td></td></tr>
<tr><td rowspan="2">(10)安全防护</td><td>启闭机房通道</td><td>应有安全走道或扶手栏杆爬梯</td><td>符合规定</td><td rowspan="2">一类单元</td><td></td></tr>
<tr><td>扶梯、栏杆等</td><td>应完整、齐全,便于行走通过</td><td>符合规定</td><td></td></tr>
<tr><td rowspan="4">(11)工作场所</td><td rowspan="3">外观</td><td>闸门外观整洁,梁格及门顶无积水,且无砂石、树枝、杂草等污物</td><td>符合规定</td><td rowspan="4">一类单元</td><td></td></tr>
<tr><td>开度仪、弧门支臂、杆件及支铰处不得有杂物牵挂或垃圾堆积</td><td>无杂物及垃圾</td><td></td></tr>
<tr><td>闸门、工作桥及门槽附近不得有明显的油污等痕迹</td><td>无明显油污痕迹</td><td></td></tr>
<tr><td>闸门及其附件</td><td>按指定地点排列整齐存放,不得有杂物、积水</td><td>符合规定</td><td></td></tr>
<tr><td rowspan="2">(12)环境保护</td><td>废油、废弃物</td><td>不得随意抛撒废弃油料及污物</td><td>无</td><td rowspan="2">一类单元</td><td></td></tr>
<tr><td>绿化、美化</td><td>管理范围内应绿化、美化</td><td>绿化、美化</td><td></td></tr>
</table>

检查(检测)人员:　　　　评定人:　　　　审核:

检查日期:

附表 3-8　南京市三汊河河口闸工程闸门设备管理单元等级评定表(2)

设备编号		(液压小门)			
评级单元	评定项目	评定标准	评定结果	单元等级	备注
(1)检修规程及检修记录	具有检修规程,并认真执行	对小修(岁修)及大修的项目和周期有明确规定	有明确规定	一类单元	
		有检修技术标准	有检修技术标准		
		有检修组织设计(施工措施或施工计划)	有检修组织设计		
		有验收和质量评定办法	有验收和质量评定办法		
	具有检修记录并及时归档	有检修前的检测记录	有检测记录		
		有检修实施记录	有实施记录		
		有安装调试记录	有安装调试记录		
		有竣工验收记录	有验收记录		
		有相关文件及图纸,检修记录归档	已归档		
(2)润滑要求	润滑部位加油及灵活程度	转动轴、转动轮等润滑部位定期加注润滑油脂;部件运转灵活,无异常声音	合理缺项	—	
	润滑油脂	选用合理,油质合格	合理缺项		
	润滑设备及零件	齐全、完好	合理缺项		
	油路系统	畅通无阻	合理缺项		
(3)防腐蚀要求	外观涂层	外表单个锈蚀面积不超过 8.0 cm^2,锈蚀面积之和不超过防腐面积的 1%	符合标准规定	一类单元	
	锈蚀坑	不得出现锈蚀深度达构件厚度 15%的进行性锈坑	符合标准规定		
	防腐蚀措施	有行之有效的防腐措施	有防腐措施		
	门体附件防腐蚀状况	附属设施的防腐措施与闸门要求相同	符合标准规定		
		闸门埋件外露表面必须做防腐处理	合理缺项		
		门槽附近的扶梯、栏杆、盖板等部位防腐状况良好	合理缺项		

附表 3-8(续)

评级单元	评定项目	评定标准	评定结果	单元等级	备注
(4) 设备运行状况	闸门启闭	运行平稳，操作准确，安全可靠	符合标准规定	一类单元	
	运行情况	无卡阻现象	无卡阻现象		
		无跳动现象	无跳动现象		
		无异常响声	无异常声响		
		无异常振动	无异常振动		
(5) 门体状况	门叶结构	整体结构无明显变形	无明显变形	一类单元	
	梁系结构	局部无明显变形	无明显变形		
	弧门支臂	无明显变形	合理缺项		
	一、二类焊缝	无裂缝	无裂缝		
	紧固件	不得松动、缺件	符合标准规定		
	焊缝	无开裂、漏焊等肉眼可见的缺陷	无缺陷		
(6) 行走支承装置	平面闸门滑道	滑道工作面应光滑平整，无破损、脱落和老化；工作面磨出沟槽时，深度不得超过 2 mm；滑道应在同一平面上，其相对误差应小于±2 mm	符合标准规定	一类单元	
(7) 止水装置	止水密封性及漏水量	应严密；经运行后漏水量不得超过 0.15 L/(s·m)	严密；漏水量没有超过标准值	一类单元	
	止水零件齐全，尼龙老化程度	应连续、完整，无卷曲、脱落、凹陷、撕裂等破损	符合标准规定		
		表面无老化现象	符合标准规定		
		压板无变形、隆起等	无变形、隆起		
		压板螺栓、螺母齐全	齐全		
(8) 锁定装置	操作情况	安全可靠，操作方便，动作灵活	合理缺项	—	
	受力情况	闸门两侧锁定装置必须受力均匀	合理缺项		

附表 3-8(续)

评级单元	评定项目	评定标准	评定结果	单元等级	备注
(9) 闸门埋设件	导向卷筒	工作表面应清洁、平整	合理缺项	—	
	闸门防冰设备	完好、有效	合理缺项		
(10) 安全防护	启闭机房通道	应有安全走道或扶手栏杆爬梯	合理缺项	—	
	扶梯、栏杆等	应完整、齐全,便于行走通过	合理缺项		
(11) 工作场所	外观	闸门外观整洁,梁格及门顶无积水,且无砂石、树枝、杂草等污物	符合规定	一类单元	
		开度仪、弧门支臂、杆件及支铰处不得有杂物牵挂或垃圾堆积	无杂物及垃圾		
		闸门、工作桥及门槽附近不得有明显的油污等痕迹	无明显油污痕迹		
	闸门及其附件	按指定地点排列整齐存放,不得有杂物、积水	符合规定		
(12) 环境保护	废油、废弃物	不得随意抛撒废弃油料及污物	无	一类单元	
	绿化、美化	管理范围内应绿化、美化	绿化、美化		

检查(检测)人员：　　　　评定人：　　　　审核：

检查日期：

附表 3-9　南京市三汊河河口闸工程启闭机设备管理单元等级评定表(1)

设备编号		（盘香式启闭机）			
评级单元	评定项目	评定标准	评定结果	单元等级	备注
(1) 操作规程及值班记录	具有操作规程，并认真执行	操作人员应了解设备的主要技术特征、工作原理、使用条件等	符合标准规定	一类单元	
		操作人员必须持证上岗	符合标准规定		
		操作前必须检查的项目	符合标准规定		
		开机前必须做的准备工作	符合标准规定		
		操作程序	符合标准规定		
		操作中应注意的事项	符合标准规定		
		故障、事故处理及应急措施	符合标准规定		
		安全措施	符合标准规定		
	具有值班记录。值班记录必须是原始记录，内容应详尽，并及时归档	操作运行情况，维护保养情况	符合标准规定		
		异常现象、故障事故处理情况	符合标准规定		
		交接班情况	符合标准规定		
		其他情况	符合标准规定		
(2) 检修规程及检修记录	具有检修规程，并认真执行	对小修（岁修）及大修的项目应有明确的规定	符合标准规定	一类单元	
		对小修、大修周期应作出的规定	符合标准规定		
		检修技术标准	符合标准规定		
		大修后应进行的检测、安全鉴定和检修质量等级评定标准	合理缺项		
		检修组织设计（施工措施或施工计划）	有检修组织设计		
		验收办法	有验收办法		
	具有检修记录，并必须及时归档	检修前的检测记录	有检测记录		
		检修实施记录	有实施记录		
		安装调试记录	有安装调试记录		
		竣工验收记录	有竣工验收记录		
		有关文件及图纸必须归档	已归档		

附表 3-9(续)

评级单元	评定项目	评定标准	评定结果	单元等级	备注
(3) 设备运行状况	启闭机额定能力	启闭机必须达到规定的额定能力	达到	一类单元	
	启闭机状态	必须保持完好状态,随时投入运行	状态完好,随时可投入运行		
	启闭操作	按调度指令启闭闸门,做到及时、准确、安全	符合标准规定		
		操作人员不少于两人,一人操作一人监护	符合标准规定		
		应配置可靠的通信设施	已配置		
(4) 操作系统	供电情况	必须有可靠的供电电源和备用电源	有可靠的供电电源和备用电源	一类单元	
	设备中的电气线路布线及绝缘情况	电气线路布线应整齐,连接牢靠	符合标准规定		
		线路不得有破损、受潮、老化等异常现象,绝缘电阻值应符合规定	检测合格		
	各种电器开关及继电器元件	电气开关、继电保护元件应定期校验,损坏的要及时更换。启动器、空气开关、控制器、继电器、操作按钮、限位开关等的使用应符合规定要求	符合标准规定		
	电气设备中的保护装置	保护装置工作必须可靠,其整定值应符合规定	符合标准规定		
(5) 指示系统及信号装置	闸门开度传感器	闸门开度传感器反应灵敏,指示准确	反应灵敏,指示准确	一类单元	
	各种仪表	按规定装设,指示正确,定期校验	符合标准规定		
	各种信号指示	完好无缺,并能按要求反应、显示	符合标准规定		景观照明55 kW
	照明	汛期闸门上下游应设置强力照明	符合规定		

附表 3-9(续)

评级单元	评定项目	评定标准	评定结果	单元等级	备注
(6) 润滑要求	润滑部位	按规定注入或更换润滑剂	符合标准规定	一类单元	
	润滑的油质、油量	所用润滑油的油质、油量应符合规定	检验合格		
	密封性	油封密封性应良好,不漏油;机旁无油污痕迹	密封性良好,无油污		
	润滑设备及其零件	齐全、完好	齐全、完好		
	油路系统	畅通无阻	畅通		
(7) 电机	运行情况	电机的铭牌清晰,功率应符合要求,并能随时投入运行	符合标准规定	一类单元	
		运行电流不得超过额定电流	符合标准规定		
	电机的定子和转子绕组的绝缘电阻	绝缘电阻应符合《起重机械安全规程》(GB 6067—2010)中的有关规定	检测合格		OL
	电机的温升和轴承的温度	应符合铭牌要求	符合标准规定		
	电机的电刷、滑环	运转中,不得有异常噪声或振动	合理缺项		
	电机外壳接地应牢固可靠	接地应牢固可靠,接地电阻、绝缘电阻值应符合要求	检测合格		0.23 Ω
(8) 制动器	制动器工作情况	可靠,动作灵活	可靠、灵活	一类单元	
	制动轮表面	无裂纹,无划痕	无裂纹,无划痕		
	制动器的闸瓦	制动器的闸瓦,在摩擦材料磨损后,离表面距离仍不得小于1.0 mm	检测合格		左:1.2 mm,1.4 mm;右:1.1 mm,1.3 mm
		制动器的闸瓦周围不得有油漆、油污和水等	符合要求		
	制动器闸瓦的退程间隙	退程间隙应按设备的规定要求调整使用	符合标准规定		

附表 3-9(续)

评级单元	评定项目	评定标准	评定结果	单元等级	备注
(9)传动系统	轴和轴承	传动轴不得有裂纹、斑坑或锈蚀	无裂纹、斑坑、锈蚀	一类单元	
		传动轴的直线度不得超过标准规定值	符合标准规定		
		滚动轴承转动时不得出现振动、冲击或异常噪声	无振动、冲击或异常噪声		
		轴承工作温度不得超过标准规定	符合标准规定		
	联轴节	弹性联轴节的弹性圈不得出现老化、破损等现象,与轴销的装配应紧密。螺纹连接件的防松装置应可靠有效	符合标准规定	一类单元	
		齿轮联轴节内、外套不得有裂纹	无裂纹		
		联轴节连接的两轴同轴度应符合规定	符合标准规定		
	减速器及开式齿轮	减速器内经常保持正常油位,油质应符合规定	检测合格	一类单元	
		减速器油封应良好,不得渗漏油液	密封良好		
		齿轮应啮合良好、转动平稳,无冲击声或异常噪声	符合标准规定		
		开式齿轮齿面应润滑良好,无严重磨损和锈蚀	符合标准规定		
(10)启闭机构	启闭机的卷筒装置	卷筒表面、幅板、轮缘、轮毂不得有裂纹或明显的伤损	无	一类单元	
		卷筒轴、轴承、轴承体安装定位应准确,转动应灵活	符合标准规定		
		钢丝绳在卷筒上固定应牢固;压板、螺栓应齐全,固定应有效	符合标准规定		
		卷筒上预绕圈应符合规定	符合标准规定		
		用钢丝绳夹头夹紧钢丝绳时,夹头数量及距离应符合规定	符合标准规定		
		钢丝绳应定期进行检查和保养,有足够的润滑性,并采用合理的防腐措施	符合标准规定		

附表 3-9(续)

评级单元	评定项目	评定标准	评定结果	单元等级	备注
(10) 启闭机构	卷扬式启闭机的卷筒装置	必须按《起重机械用钢丝绳检验和报废实用规范》(GB/T 5972—2006)的规定使用钢丝绳	符合标准规定	一类单元	
	液压启闭机的作用缸	油压启闭机的缸体、端盖、活塞杆等零件不得有损伤或裂纹	合理缺项		
		液压缸应按设计、安装工艺要求装配,保证活塞杆正确运行	合理缺项		
	油泵的出油量及压力	应达到额定值,运行平稳,无异常噪音或振动	合理缺项		
	油的油质、油量及油路	应按规定使用	合理缺项		
		液压油应定期进行过滤及化验	合理缺项		
	缸体及活塞杆密封	液压缸密封垫片和油管接头、阀件以及油箱、管路均不得渗漏	合理缺项		
	液压管路及液压阀附件等	液压阀动作应灵活准确、安全可靠	合理缺项		
		压力表计应反映灵敏,指示准确,并定期进行校验	合理缺项		
		不得有裂纹、严重变形或损伤;灌铅钢丝绳吊头不得松动和断丝	合理缺项		
(11) 机架	机架结构	不得有明显变形或损伤	无明显损伤	一类单元	
		机架的焊缝不得有裂纹	无裂纹		
	钢架结构件的连接、高强度螺栓的紧固	机架的结构件连接应牢固可靠,高强度螺栓的紧固程度应达到设计要求值	符合标准规定		
(12) 防腐蚀要求	机械的金属结构表面要求	非摩擦表面应进行防腐处理,涂层应保持光滑、完整	符合标准规定	一类单元	
	涂层要求	涂层应均匀,整机涂料颜色应均匀、美观	均匀、美观		

附表 3-9(续)

评级单元	评定项目	评定标准	评定结果	单元等级	备注
(13)安全防护	启闭机房	应安装有效设施以同外界隔离	符合标准规定	一类单元	
		附近不得堆放易燃易爆物品	无		
		应设置消防用具、器材,并有消防组织	符合标准规定		
	电气等	凡裸露的电气元件、导线等,应按规定加设防护罩	符合标准规定		
		凡运行人员能触及的齿轮等传动件,均应加设防护罩	符合标准规定		
(14)工作现场	工作场所	操作室内应整齐、清洁,其布置应便于操作,与操作无关的设备不得堆积在操作室内	符合标准规定	一类单元	
		启闭机房(或启闭机平台)应保持整洁,不得有油污、鸟巢、蛛网或其他杂物;门窗应完整,无腐烂、缺损	符合标准规定		
		启闭房严密不漏水	不漏水		
	照明设施	工作桥、启闭机内外通道照明设施应完好	完好		
(15)环境保护	绿化、美化、卫生设施	闸门室及启闭机房周围应设有与外界隔离的设施,并应因地制宜地进行绿化、美化;附近应设有卫生设施	符合标准规定	一类单元	

检查(检测)人员:　　　　评定人:　　　　审核:

检查日期:

附表 3-10 南京市三汊河河口闸工程启闭机设备管理单元等级评定表(2)

<table>
<tr><td colspan="2">设备编号</td><td colspan="4">(液压启闭机)</td></tr>
<tr><td>评级单元</td><td>评定项目</td><td>评定标准</td><td>评定结果</td><td>单元等级</td><td>备注</td></tr>
<tr><td rowspan="12">(1) 操作规程及值班记录</td><td rowspan="8">具有操作规程,并认真执行</td><td>操作人员应了解设备的主要技术特征、工作原理、使用条件等</td><td>符合标准规定</td><td rowspan="12">一类单元</td><td></td></tr>
<tr><td>操作人员必须持证上岗</td><td>符合标准规定</td><td></td></tr>
<tr><td>操作前必须检查的项目</td><td>符合标准规定</td><td></td></tr>
<tr><td>开机前必须做的准备工作</td><td>符合标准规定</td><td></td></tr>
<tr><td>操作程序</td><td>符合标准规定</td><td></td></tr>
<tr><td>操作中应注意的事项</td><td>符合标准规定</td><td></td></tr>
<tr><td>故障、事故处理及应急措施</td><td>符合标准规定</td><td></td></tr>
<tr><td>安全措施</td><td>符合标准规定</td><td></td></tr>
<tr><td rowspan="4">具有值班记录。值班记录必须是原始记录,内容应详尽,并及时归档</td><td>操作运行情况,维护保养情况</td><td>符合标准规定</td><td></td></tr>
<tr><td>异常现象、故障事故处理情况</td><td>符合标准规定</td><td></td></tr>
<tr><td>交接班情况</td><td>符合标准规定</td><td></td></tr>
<tr><td>其他情况</td><td>符合标准规定</td><td></td></tr>
<tr><td rowspan="11">(2) 检修规程及检修记录</td><td rowspan="6">具有检修规程,并认真执行</td><td>对小修(岁修)及大修的项目应有明确的规定</td><td>符合标准规定</td><td rowspan="11">一类单元</td><td></td></tr>
<tr><td>对小修、大修周期应作出的规定</td><td>符合标准规定</td><td></td></tr>
<tr><td>检修技术标准</td><td>符合标准规定</td><td></td></tr>
<tr><td>大修后应进行的检测、安全鉴定和检修质量等级评定标准</td><td>合理缺项</td><td></td></tr>
<tr><td>检修组织设计(施工措施或施工计划)</td><td>合理缺项</td><td></td></tr>
<tr><td>验收办法</td><td>合理缺项</td><td></td></tr>
<tr><td rowspan="5">具有检修记录,并必须及时归档</td><td>检修前的检测记录</td><td>有检测记录</td><td></td></tr>
<tr><td>检修实施记录</td><td>有实施记录</td><td></td></tr>
<tr><td>安装调试记录</td><td>有安装调试记录</td><td></td></tr>
<tr><td>竣工验收记录</td><td>有竣工验收记录</td><td></td></tr>
<tr><td>有关文件及图纸</td><td>已归档</td><td></td></tr>
</table>

附表 3-10(续)

评级单元	评定项目	评定标准	评定结果	单元等级	备注
(3)设备运行状况	启闭机额定能力	启闭机必须达到规定的额定能力	达到	一类单元	
	启闭机状态	必须保持完好状态，随时投入运行	状态完好，随时可投入运行		
	启闭操作	按调度指令启闭闸门，做到及时、准确、安全	符合标准规定		
		操作人员不少于两人，一人操作一人监护	符合标准规定		
		应配置可靠的通信设施	已配置		
(4)操作系统	供电情况	必须有可靠的供电电源和备用电源	有可靠供电电源和备用电源	一类单元	
	设备中的电气线路布线及绝缘情况	电气线路布线应整齐，连接牢靠	符合规定		
		线路不得有破损、受潮、老化等异常现象，绝缘电阻值应符合规定	检测合格		
	各种电器开关及继电器元件	电气开关、继电保护元件应定期校验，损坏的要及时更换。启动器、空气开关、控制器、继电器、操作按钮、限位开关等的使用应符合规定要求	符合标准规定		
	电气设备中的保护装置	保护装置工作必须可靠，其整定值应符合规定	符合标准规定		
(5)指示系统及信号装置	闸门开度传感器	闸门开度传感器反应灵敏，指示准确	反应灵敏，指示准确	一类单元	
	各种仪表	按规定装设，指示正确，定期校验	符合标准规定		
	各种信号指示	完好无缺，并能按要求反应、显示	符合标准规定		景观照明 55 kW
	照明	汛期闸门上下游应设置强力照明	符合规定		

附表 3-10(续)

评级单元	评定项目	评定标准	评定结果	单元等级	备注
(6) 润滑要求	润滑部位	按规定注入或更换润滑剂	合理缺项	—	
	润滑的油质、油量	所用润滑油的油质、油量应符合规定	合理缺项		
	密封性	油封密封性应良好,不漏油;机旁无油污痕迹	合理缺项		
	润滑设备及其零件	齐全、完好	合理缺项		
	油路系统	畅通无阻	合理缺项		
(7) 电机	运行情况	电机的铭牌清晰,功率应符合要求,并能随时投入运行	符合标准规定	一类单元	
		运行电流不得超过额定电流	符合标准规定		
	电机的定子和转子绕组的绝缘电阻	绝缘电阻应符合《起重机械安全规程》(GB 6067—2010)中的有关规定	检测合格		OL
	电机的温升和轴承的温度	应符合铭牌要求	符合标准规定		
	电机的电刷、滑环	运转中,不得有异常噪声或振动	合理缺项		
	电机外壳接地应牢固可靠	接地应牢固可靠,接地电阻、绝缘电阻值应符合要求	检测合格		0.35 Ω
(8) 制动器	制动器工作情况	可靠,动作灵活	合理缺项	—	
	制动轮表面	无裂纹,无划痕	合理缺项		
	制动器的闸瓦	制动器的闸瓦在摩擦材料磨损后,离表面距离仍不得小于1.0 mm	合理缺项		
		制动器的闸瓦周围不得有油漆、油污和水等	合理缺项		
	制动器闸瓦的退程间隙	退程间隙应按设备的规定要求调整使用	合理缺项		

附表 3-10(续)

评级单元	评定项目	评定标准	评定结果	单元等级	备注
(9)传动系统	轴和轴承	传动轴不得有裂纹、斑坑或锈蚀	合理缺项	—	
		传动轴的直线度不得超过标准规定值	合理缺项		
		滚动轴承转动时不得出现振动、冲击或异常噪声	合理缺项		
		轴承工作温度不得超过标准规定	合理缺项		
	联轴节	弹性联轴节的弹性圈不得出现老化、破损等现象，与轴销的装配应紧密。螺纹连接件的防松装置应可靠有效	合理缺项	—	
		齿轮联轴节内、外套不得有裂纹	合理缺项		
		联轴节连接的两轴同轴度应符合规定	合理缺项		
	减速器及开式齿轮	减速器内经常保持正常油位，油质应符合规定	合理缺项	—	
		减速器油封应良好，不得渗漏油液	合理缺项		
		齿轮应啮合良好、转动平稳，无冲击声或异常噪声	合理缺项		
		开式齿轮齿面应润滑良好，无严重磨损和锈蚀	合理缺项		
(10)启闭机构	启闭机的卷筒装置	卷筒表面、幅板、轮缘、轮毂不得有裂纹或明显的伤损	合理缺项	一类单元	
		卷筒轴、轴承、轴承体安装定位应准确，转动应灵活	合理缺项		
		钢丝绳在卷筒上固定应牢固，压板、螺栓应齐全，固定应有效	合理缺项		
		卷筒上预绕圈应符合规定	合理缺项		
		用钢丝绳夹头夹紧钢丝绳时，夹头数量及距离应符合规定	合理缺项		
		钢丝绳应定期进行检查和保养，有足够的润滑性，并采用合理的防腐措施	合理缺项		

附表 3-10(续)

评级单元	评定项目	评定标准	评定结果	单元等级	备注
(10) 启闭机构	卷扬式启闭机的卷筒装置	必须按《起重机械用钢丝绳检验和报废实用规范》(GB/T 5972—2006) 的规定使用钢丝绳	合理缺项	一类单元	
	液压启闭机的作用缸	油压启闭机的缸体、端盖、活塞杆等零件不得有损伤或裂纹	无损伤		
		液压缸应按设计、安装工艺要求装配,保证活塞杆正确运行	符合标准规定		
	油泵的出油量及压力	应达到额定值,运行平稳,无异常噪音或振动	符合标准规定		
	油的油质、油量及油路	应按规定使用	符合标准规定		
		液压油应定期进行过滤及化验	符合规定		
	缸体及活塞杆密封	液压缸密封垫片和油管接头、阀件以及油箱、管路均不得渗漏	无渗漏		
	液压管路及液压阀附件等	液压阀动作应灵活准确、安全可靠	灵活、可靠		
		压力表计应反映灵敏,指示准确,并定期进行校验	符合标准规定		
		不得有裂纹、严重变形或损伤;灌铅钢丝绳吊头不得松动和断丝	管路及液压阀附件无裂纹		
(11) 机架	机架结构	不得有明显变形或损伤	合理缺项	—	
		机架的焊缝不得有裂纹	合理缺项		
	钢架结构件的连接、高强度螺栓的紧固	机架的结构件连接应牢固可靠,高强度螺栓的紧固程度应达到设计要求值	合理缺项		
(12) 防腐蚀要求	机械的金属结构表面要求	非摩擦表面应进行防腐处理,涂层应保持光滑完整	符合标准规定	一类单元	
	涂层要求	涂层应均匀,整机涂料颜色应均匀、美观	均匀、美观		

附表 3-10(续)

<table>
<tr><th>评级单元</th><th>评定项目</th><th>评定标准</th><th>评定结果</th><th>单元等级</th><th>备注</th></tr>
<tr><td rowspan="5">(13)安全防护</td><td rowspan="3">启闭机房</td><td>应安装有效设施以同外界隔离</td><td>合理缺项</td><td rowspan="5">一类单元</td><td></td></tr>
<tr><td>附近不得堆放易燃易爆物品</td><td>合理缺项</td><td></td></tr>
<tr><td>应设置消防用具、器材，并有消防组织</td><td>合理缺项</td><td></td></tr>
<tr><td rowspan="2">电气等</td><td>凡裸露的电气元件、导线等，应按规定加设防护罩</td><td>符合标准规定</td><td></td></tr>
<tr><td>凡运行人员能触及的齿轮等传动件，均应加设防护罩</td><td>符合标准规定</td><td></td></tr>
<tr><td rowspan="4">(14)工作现场</td><td rowspan="3">工作场所</td><td>操作室内应整齐、清洁，其布置应便于操作，与操作无关的设备不得堆积在操作室内</td><td>符合标准规定</td><td rowspan="4">一类单元</td><td></td></tr>
<tr><td>启闭机房应保持整洁，不得有油污、鸟巢、蛛网或其他杂物；门窗应完整，无腐烂、缺损</td><td>合理缺项</td><td></td></tr>
<tr><td>启闭房严密不漏水</td><td>合理缺项</td><td></td></tr>
<tr><td>照明设施</td><td>工作桥、启闭机内外通道照明设施应完好</td><td>完好</td><td></td></tr>
<tr><td rowspan="2">(15)环境保护</td><td>绿化、美化、卫生设施</td><td>闸门房及启闭机房周围应设有与外界隔离的设施，并应因地制宜地进行绿化、美化；附近应设有卫生设施</td><td>符合标准规定</td><td rowspan="2">一类单元</td><td></td></tr>
<tr><td>弃油及污物</td><td>液压启闭机漏油应及时进行处理，以免污染水域。不得随意抛撒废弃油料和污物等</td><td>符合标准规定</td><td></td></tr>
</table>

检查(检测)人员： 评定人： 审核：

检查日期：

附表 3-11　2×1 500 kN 盘香式启闭机检测记录表

设备编号：

<table>
<tr><th>序号</th><th colspan="2">检测项目</th><th>允许误差</th><th colspan="2">实测结果/mm</th><th>结论</th></tr>
<tr><td rowspan="2">1</td><td rowspan="2">齿轮啮合接触斑点</td><td>齿高方向</td><td>≥30%</td><td>左</td><td>右</td><td></td></tr>
<tr><td>齿宽方向</td><td>≥40%</td><td></td><td></td><td></td></tr>
<tr><td>2</td><td colspan="2">齿轮啮合的侧隙</td><td>≥0.53</td><td></td><td></td><td></td></tr>
<tr><td rowspan="3">3</td><td rowspan="3">制动轮</td><td>与轴瓦的间隙</td><td>≥1</td><td></td><td></td><td></td></tr>
<tr><td>与轴瓦的接触面积</td><td>≥75%</td><td></td><td></td><td></td></tr>
<tr><td>与轴瓦中心线的位移</td><td>≤3</td><td></td><td></td><td></td></tr>
<tr><td rowspan="2">4</td><td rowspan="2">锁定装置</td><td>锁定齿沿导轨移动</td><td>灵活</td><td></td><td></td><td></td></tr>
<tr><td>承板沿导轨移动</td><td>灵活</td><td></td><td></td><td></td></tr>
</table>

注：表中“左”表示靠近左岸的齿轮实测结果，“右”表示靠近右岸的齿轮实测结果。

检测人：　　　　　　　　　　　　　　　　　　检测日期：

附表 3-12 闸门止水漏水量测量记录表(1)

编号	止水位置	测量时间	水位	测次	测量值 /kg·min^{-1}	测算值 /L·(s·m)$^{-1}$	平均漏水量 /L·(s·m)$^{-1}$	参考值 /L·(s·m)$^{-1}$	结论
1# 大闸门	左侧止水		$H_{上}$: $H_{下}$:	1				<0.15	
				2					
				3					
	右侧止水		$H_{上}$: $H_{下}$:	1				<0.15	
				2					
				3					
2# 大闸门	左侧止水		$H_{上}$: $H_{下}$:	1				<0.15	
				2					
				3					
	右侧止水		$H_{上}$: $H_{下}$:	1				<0.15	
				2					
				3					
			$H_{上}$: $H_{下}$:	1				<0.15	
				2					
				3					
			$H_{上}$: $H_{下}$:	1				<0.15	
				2					
				3					
			$H_{上}$: $H_{下}$:	1				<0.15	
				2					
				3					
			$H_{上}$: $H_{下}$:	1				<0.15	
				2					
				3					

测量人：

附表 3-13　闸门止水漏水量测量记录表(2)

<table>
<tr><th>编号</th><th>止水位置</th><th>测量时间</th><th>水位</th><th>测次</th><th>测量值
/kg·min^{-1}</th><th>测算值
/L·(s·m)$^{-1}$</th><th>平均漏水量
/L·(s·m)$^{-1}$</th><th>参考值
/L·(s·m)$^{-1}$</th><th>结论</th></tr>
<tr><td rowspan="6">1-1#小闸门</td><td rowspan="3">左侧止水</td><td rowspan="3"></td><td rowspan="3">$H_上$:
$H_下$:</td><td>1</td><td></td><td></td><td rowspan="3"></td><td rowspan="3"><0.15</td><td rowspan="3"></td></tr>
<tr><td>2</td><td></td><td></td></tr>
<tr><td>3</td><td></td><td></td></tr>
<tr><td rowspan="3">右侧止水</td><td rowspan="3"></td><td rowspan="3">$H_上$:
$H_下$:</td><td>1</td><td></td><td></td><td rowspan="3"></td><td rowspan="3"><0.15</td><td rowspan="3"></td></tr>
<tr><td>2</td><td></td><td></td></tr>
<tr><td>3</td><td></td><td></td></tr>
<tr><td rowspan="6">1-2#小闸门</td><td rowspan="3">左侧止水</td><td rowspan="3"></td><td rowspan="3">$H_上$:
$H_下$:</td><td>1</td><td></td><td></td><td rowspan="3"></td><td rowspan="3"><0.15</td><td rowspan="3"></td></tr>
<tr><td>2</td><td></td><td></td></tr>
<tr><td>3</td><td></td><td></td></tr>
<tr><td rowspan="3">右侧止水</td><td rowspan="3"></td><td rowspan="3">$H_上$:
$H_下$:</td><td>1</td><td></td><td></td><td rowspan="3"></td><td rowspan="3"><0.15</td><td rowspan="3"></td></tr>
<tr><td>2</td><td></td><td></td></tr>
<tr><td>3</td><td></td><td></td></tr>
<tr><td rowspan="6">1-3#小闸门</td><td rowspan="3">左侧止水</td><td rowspan="3"></td><td rowspan="3">$H_上$:
$H_下$:</td><td>1</td><td></td><td></td><td rowspan="3"></td><td rowspan="3"><0.15</td><td rowspan="3"></td></tr>
<tr><td>2</td><td></td><td></td></tr>
<tr><td>3</td><td></td><td></td></tr>
<tr><td rowspan="3">右侧止水</td><td rowspan="3"></td><td rowspan="3">$H_上$:
$H_下$:</td><td>1</td><td></td><td></td><td rowspan="3"></td><td rowspan="3"><0.15</td><td rowspan="3"></td></tr>
<tr><td>2</td><td></td><td></td></tr>
<tr><td>3</td><td></td><td></td></tr>
<tr><td rowspan="6">1-4#小闸门</td><td rowspan="3">左侧止水</td><td rowspan="3"></td><td rowspan="3">$H_上$:
$H_下$:</td><td>1</td><td></td><td></td><td rowspan="3"></td><td rowspan="3"><0.15</td><td rowspan="3"></td></tr>
<tr><td>2</td><td></td><td></td></tr>
<tr><td>3</td><td></td><td></td></tr>
<tr><td rowspan="3">右侧止水</td><td rowspan="3"></td><td rowspan="3">$H_上$:
$H_下$:</td><td>1</td><td></td><td></td><td rowspan="3"></td><td rowspan="3"><0.15</td><td rowspan="3"></td></tr>
<tr><td>2</td><td></td><td></td></tr>
<tr><td>3</td><td></td><td></td></tr>
<tr><td rowspan="6">1-5#小闸门</td><td rowspan="3">左侧止水</td><td rowspan="3"></td><td rowspan="3">$H_上$:
$H_下$:</td><td>1</td><td></td><td></td><td rowspan="3"></td><td rowspan="3"><0.15</td><td rowspan="3"></td></tr>
<tr><td>2</td><td></td><td></td></tr>
<tr><td>3</td><td></td><td></td></tr>
<tr><td rowspan="3">右侧止水</td><td rowspan="3"></td><td rowspan="3">$H_上$:
$H_下$:</td><td>1</td><td></td><td></td><td rowspan="3"></td><td rowspan="3"><0.15</td><td rowspan="3"></td></tr>
<tr><td>2</td><td></td><td></td></tr>
<tr><td>3</td><td></td><td></td></tr>
</table>

附表 3-13(续)

编号	止水位置	测量时间	水位	测次	测量值 /kg·min^{-1}	测算值 /L·(s·m)$^{-1}$	平均漏水量 /L·(s·m)$^{-1}$	参考值 /L·(s·m)$^{-1}$	结论
1-6#小闸门	左侧止水		$H_上$： $H_下$：	1				<0.15	
				2					
				3					
	右侧止水		$H_上$： $H_下$：	1				<0.15	
				2					
				3					
2-1#小闸门	左侧止水		$H_上$： $H_下$：	1				<0.15	
				2					
				3					
	右侧止水		$H_上$： $H_下$：	1				<0.15	
				2					
				3					
2-2#小闸门	左侧止水		$H_上$： $H_下$：	1				<0.15	
				2					
				3					
	右侧止水		$H_上$： $H_下$：	1				<0.15	
				2					
				3					
2-3#小闸门	左侧止水		$H_上$： $H_下$：	1				<0.15	
				2					
				3					
	右侧止水		$H_上$： $H_下$：	1				<0.15	
				2					
				3					
2-4#小闸门	左侧止水		$H_上$： $H_下$：	1				<0.15	
				2					
				3					
	右侧止水		$H_上$： $H_下$：	1				<0.15	
				2					
				3					

附表 3-13(续)

编号	止水位置	测量时间	水位	测次	测量值/kg·min^{-1}	测算值/L·(s·m)$^{-1}$	平均漏水量/L·(s·m)$^{-1}$	参考值/L·(s·m)$^{-1}$	结论
2-5#小闸门	左侧止水		$H_上$: $H_下$:	1				<0.15	
				2					
				3					
	右侧止水		$H_上$: $H_下$:	1				<0.15	
				2					
				3					
2-6#小闸门	左侧止水		$H_上$: $H_下$:	1				<0.15	
				2					
				3					
	右侧止水		$H_上$: $H_下$:	1				<0.15	
				2					
				3					

测量人：

附表 3-14　大闸门锈蚀面积测量记录表

测量日期：

闸门编号	锈蚀面积/cm^2							参考值	结论
	单个锈蚀面积						合计		
1[#] 大闸门								$S_{单个锈蚀面积}<8\ cm^2$ 且 $S_{锈蚀面积之和}\leqslant S_{防腐面积}\times 10\%$	
2[#] 大闸门								$S_{单个锈蚀面积}<8\ cm^2$ 且 $S_{锈蚀面积之和}\leqslant S_{防腐面积}\times 10\%$	
								$S_{单个锈蚀面积}<8\ cm^2$ 且 $S_{锈蚀面积之和}\leqslant S_{防腐面积}\times 10\%$	
								$S_{单个锈蚀面积}<8\ cm^2$ 且 $S_{锈蚀面积之和}\leqslant S_{防腐面积}\times 10\%$	
								$S_{单个锈蚀面积}<8\ cm^2$ 且 $S_{锈蚀面积之和}\leqslant S_{防腐面积}\times 10\%$	
								$S_{单个锈蚀面积}<8\ cm^2$ 且 $S_{锈蚀面积之和}\leqslant S_{防腐面积}\times 10\%$	
								$S_{单个锈蚀面积}<8\ cm^2$ 且 $S_{锈蚀面积之和}\leqslant S_{防腐面积}\times 10\%$	
								$S_{单个锈蚀面积}<8\ cm^2$ 且 $S_{锈蚀面积之和}\leqslant S_{防腐面积}\times 10\%$	
								$S_{单个锈蚀面积}<8\ cm^2$ 且 $S_{锈蚀面积之和}\leqslant S_{防腐面积}\times 10\%$	

测量人：

附表 3-15　液压小门锈蚀面积测量记录表

测量日期：

闸门编号	锈蚀面积/cm²							参考值	结论
	单个锈蚀面积						合计		
1-1$^{\#}$液压小门								$S_{单个锈蚀面积}<8\ cm^2$ 且 $S_{锈蚀面积之和}\leqslant S_{防腐面积}\times 10\%$	
1-2$^{\#}$液压小门								$S_{单个锈蚀面积}<8\ cm^2$ 且 $S_{锈蚀面积之和}\leqslant S_{防腐面积}\times 10\%$	
1-3$^{\#}$液压小门								$S_{单个锈蚀面积}<8\ cm^2$ 且 $S_{锈蚀面积之和}\leqslant S_{防腐面积}\times 10\%$	
1-4$^{\#}$液压小门								$S_{单个锈蚀面积}<8\ cm^2$	
1-5$^{\#}$液压小门								$S_{单个锈蚀面积}<8\ cm^2$ 且 $S_{锈蚀面积之和}\leqslant S_{防腐面积}\times 10\%$	
1-6$^{\#}$液压小门								$S_{单个锈蚀面积}<8\ cm^2$ 且 $S_{锈蚀面积之和}\leqslant S_{防腐面积}\times 10\%$	
2-1$^{\#}$液压小门								$S_{单个锈蚀面积}<8\ cm^2$ 且 $S_{锈蚀面积之和}\leqslant S_{防腐面积}\times 10\%$	
2-2$^{\#}$液压小门								$S_{单个锈蚀面积}<8\ cm^2$ 且 $S_{锈蚀面积之和}\leqslant S_{防腐面积}\times 10\%$	
2-3$^{\#}$液压小门								$S_{单个锈蚀面积}<8\ cm^2$ 且 $S_{锈蚀面积之和}\leqslant S_{防腐面积}\times 10\%$	
2-4$^{\#}$液压小门								$S_{单个锈蚀面积}<8\ cm^2$ 且 $S_{锈蚀面积之和}\leqslant S_{防腐面积}\times 10\%$	
2-5＃液压小门								$S_{单个锈蚀面积}<8\ cm^2$ 且 $S_{锈蚀面积之和}\leqslant S_{防腐面积}\times 10\%$	
2-6＃液压小门								$S_{单个锈蚀面积}<8\ cm^2$ 且 $S_{锈蚀面积之和}\leqslant S_{防腐面积}\times 10\%$	
								$S_{单个锈蚀面积}<8\ cm^2$ 且 $S_{锈蚀面积之和}\leqslant S_{防腐面积}\times 10\%$	
								$S_{单个锈蚀面积}<8\ cm^2$ 且 $S_{锈蚀面积之和}\leqslant S_{防腐面积}\times 10\%$	

附表3-15(续)

闸门编号	锈蚀面积/cm^2							参考值	结论
	单个锈蚀面积						合计		
								$S_{单个锈蚀面积}<8\ cm^2$ 且 $S_{锈蚀面积之和}\leqslant S_{防腐面积}\times 10\%$	
								$S_{单个锈蚀面积}<8\ cm^2$ 且 $S_{锈蚀面积之和}\leqslant S_{防腐面积}\times 10\%$	
								$S_{单个锈蚀面积}<8\ cm^2$ 且 $S_{锈蚀面积之和}\leqslant S_{防腐面积}\times 10\%$	
								$S_{单个锈蚀面积}<8\ cm^2$ 且 $S_{锈蚀面积之和}\leqslant S_{防腐面积}\times 10\%$	

测量人：

附录四　工 程 观 测

南京市三汊河河口闸工作基点高程、坐标考证表见附表 4-1。

南京市三汊河河口闸垂直位移工作基点考证表见附表 4-2。

南京市三汊河河口闸垂直位移观测成果表见附表 4-3。

南京市三汊河口闸门垂直位移量横断面分布图(1)见附图 4-1。

南京市三汊河口闸门垂直位移量横断面分布图(2)见附图 4-2。

南京市三汊河河口闸左岸堤防沉陷点垂直位移观测成果表见附表 4-4。

南京市三汊河河口闸右岸堤防沉陷点垂直位移观测成果表见附表 4-5。

南京市三汊河河口闸水平位移工作基点考证表见附表 4-6。

南京市三汊河河口闸水平位移观测成果表见附表 4-7。

南京市三汊河河口闸门 2016 年纬线方向水平位移分布图见附图 4-3。

南京市三汊河河口闸门 2016 年经线方向水平位移分布图见附图 4-4。

附表 4-1　南京市三汊河河口闸工作基点高程、坐标考证表　　单位：m

基点编号	原始观测				上次观测				本次观测				备注
	观测日期	高程	X	Y	观测日期	高程	X	Y	观测日期	高程	X	Y	

附表 4-2　南京市三汊河河口闸垂直位移工作基点考证表

基点编号	标点材料	埋设日期	位置	地基情况	考证日期	高程/m	备注

标点结构及位置图(单位:mm)

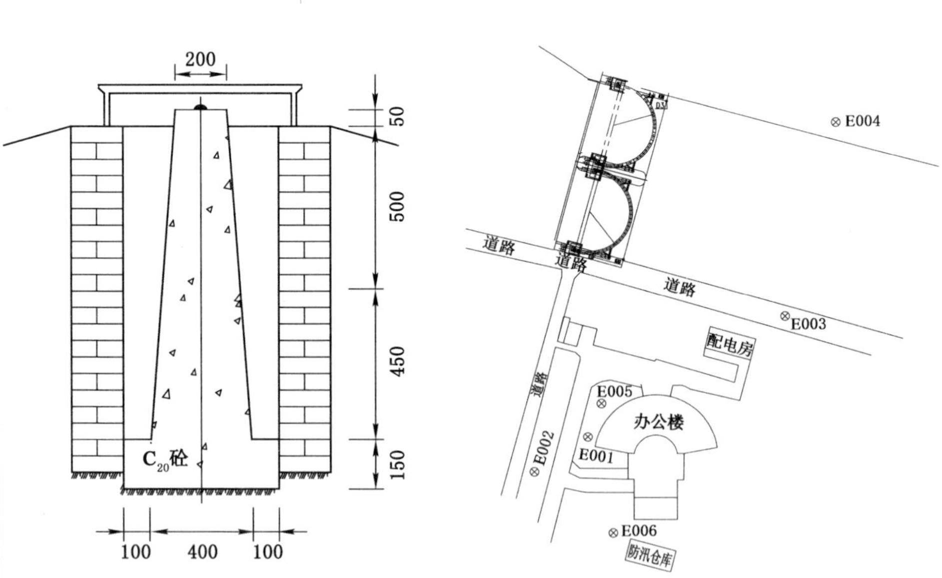

附表 4-3 南京市三汊河河口闸垂直位移观测成果表

始测日期			上次观测日期		本次观测日期				
测点		始测高程/m	上次观测高程/m	本次观测高程/m	间隔位移量/mm	累计位移量/mm			备注
部位	编号								
底板									
上左翼									
下左翼									
上右翼									
下右翼									

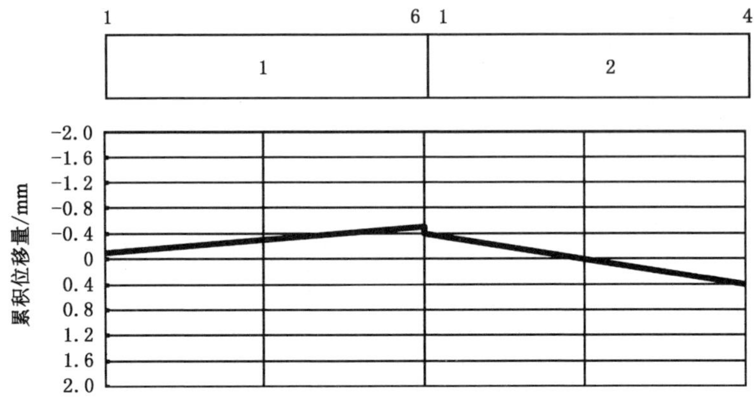

附图 4-1　南京市三汊河河口闸底板垂直位移量横断面分布图(1)

(代表观测标点 1-1,1-6,2-1,2-4;2016 年 3 月 21 日)

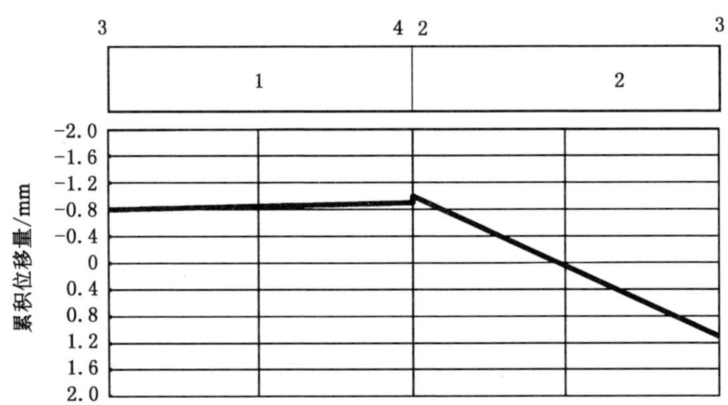

附图 4-2　南京市三汊河河口闸底板垂直位移量横断面分布图(2)

(代表观测标点 1-3,1-4,2-2,2-3;2016 年 3 月 21 日)

附表 4-4　南京市三汊河河口闸左岸堤防沉陷点垂直位移观测成果表

始测日期		上次观测日期		本次观测日期				
测点	始测高程/m	上次观测高程/m	本次观测高程/m	间隔位移量/mm	累计位移量/mm			备注
Z 0+230$_{上}$-1								
Z 0+230$_{上}$-2								
Z 0+230$_{上}$-3								
Z 0+230$_{上}$-4								
Z 0+155$_{上}$-1								
Z 0+155$_{上}$-2								
Z 0+155$_{上}$-3								
Z 0+68$_{上}$-1								
Z 0+68$_{上}$-2								
Z 0+68$_{上}$-3								
Z 0+42$_{下}$-1								
Z 0+42$_{下}$-2								
Z 0+42$_{下}$-3								
Z 0+42$_{下}$-4								
Z 0+82$_{下}$-1								
Z 0+82$_{下}$-2								
Z 0+82$_{下}$-3								
Z 0+117$_{下}$-1								
Z 0+117$_{下}$-2								
Z 0+117$_{下}$-3								

注:“Z”表示左岸,“上”表示上游,“下”表示下游。

附表 4-5　南京市三汊河河口闸右岸堤防沉陷点垂直位移观测成果表

始测日期		上次观测日期		本次观测日期				
测点	始测高程/m	上次观测高程/m	本次观测高程/m	间隔位移量/mm	累计位移量/mm			备注
Y 0+230$_{上}$-1								
Y 0+230$_{上}$-2								
Y 0+230$_{上}$-3								
Y 0+155$_{上}$-1								
Y 0+155$_{上}$-2								
Y 0+155$_{上}$-3								
Y 0+155$_{上}$-4								
Y 0+68$_{上}$-1								
Y 0+68$_{上}$-2								
Y 0+68$_{上}$-3								
Y 0+68$_{上}$-4								
Y 0+42$_{下}$-1								
Y 0+42$_{下}$-2								
Y 0+42$_{下}$-3								
Y 0+42$_{下}$-4								
Y 0+82$_{下}$-1								
Y 0+82$_{下}$-2								
Y 0+82$_{下}$-3								
Y 0+82$_{下}$-4								
Y 0+117$_{下}$-1								
Y 0+117$_{下}$-2								
Y 0+117$_{下}$-3								

注："Y"表示右岸，"上"表示上游，"下"表示下游。

附表 4-6　南京市三汊河河口闸水平位移工作基点考证表

编号	型式及规格	埋设日期			埋设位置	基础情况	测定日期			高程/m	备注
		年	月	日			年	月	日		

附表 4-7 南京市三汊河河口闸水平位移观测成果表

<table>
<tr><td colspan="2">始测日期</td><td colspan="2"></td><td colspan="2">上次观测日期</td><td colspan="2"></td><td colspan="2">本次观测日期</td><td colspan="3"></td></tr>
<tr><td colspan="2">测点</td><td colspan="2">始测坐标
/m</td><td colspan="2">上次观测坐标
/m</td><td colspan="2">本次观测坐标
/m</td><td colspan="2">间隔位移量
/mm</td><td colspan="2">累计位移量
/mm</td><td rowspan="2">备注</td></tr>
<tr><td>部位</td><td>编号</td><td>X</td><td>Y</td><td>X</td><td>Y</td><td>X</td><td>Y</td><td>DX</td><td>DY</td><td>DDX</td><td>DDY</td></tr>
<tr><td rowspan="4">底板</td><td></td><td></td><td></td><td></td><td></td><td></td><td></td><td></td><td></td><td></td><td></td><td></td></tr>
<tr><td></td><td></td><td></td><td></td><td></td><td></td><td></td><td></td><td></td><td></td><td></td><td></td></tr>
<tr><td></td><td></td><td></td><td></td><td></td><td></td><td></td><td></td><td></td><td></td><td></td><td></td></tr>
<tr><td></td><td></td><td></td><td></td><td></td><td></td><td></td><td></td><td></td><td></td><td></td><td></td></tr>
</table>

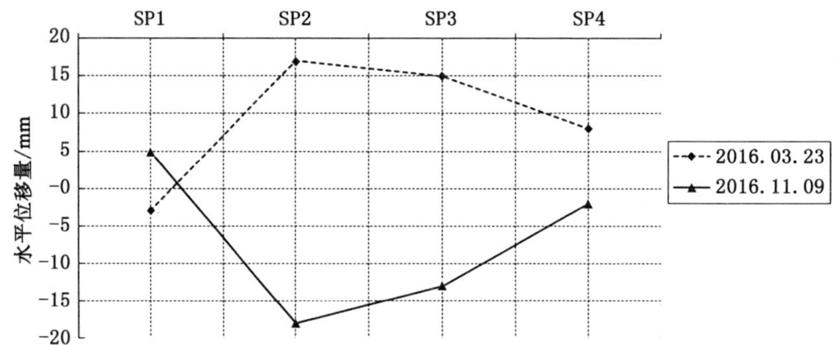

附图 4-3 南京市三汊河河口闸 2016 年纬线方向水平位移分布图

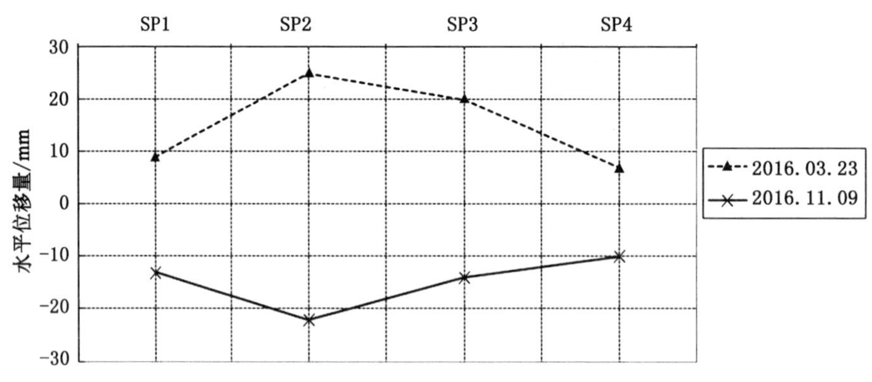

附图 4-4 南京市三汊河河口闸 2016 年经线方向水平位移分布图